高等学校计算机公共课程"十三五"规划教材

大学计算机基础与计算思维实训指导

陆　军　主编

中国铁道出版社有限公司
CHINA RAILWAY PUBLISHING HOUSE CO., LTD.

内 容 简 介

本书是《大学计算机基础与计算思维》（中国铁道出版社有限公司，陆军主编）的辅助教材，本书以实验的方式对主教材在实践教学上做了有力的补充。本书主要内容包括 Windows 7 基本操作、C 程序设计、Photoshop、Word 2013、Excel 2013、PowerPoint 2013、计算机网络、Access 2013。同时也提供了操作练习，让学生能在课后加强知识的巩固和拓展。

本书适合作为各类高等院校非计算机专业的计算机基础教材也可作为计算机爱好者的自学用书。

图书在版编目（CIP）数据

大学计算机基础与计算思维实训指导/陆军主编. —北京：中国铁道出版社有限公司，2019.8（2020.6 重印）
高等学校计算机公共课程“十三五”规划教材
ISBN 978-7-113-26070-5

Ⅰ. ①大… Ⅱ. ①陆… Ⅲ. ①电子计算机-高等学校-教学参考资料 Ⅳ. ①TP3

中国版本图书馆 CIP 数据核字（2019）第 162895 号

书　　名：大学计算机基础与计算思维实训指导
作　　者：陆　军

策　　划：潘晨曦　　　　**编辑部电话：**010-51873628
责任编辑：汪　敏　冯彩茹
封面设计：刘　颖
责任校对：张玉华
责任印制：樊启鹏

出版发行：中国铁道出版社有限公司（100054，北京市西城区右安门西街 8 号）
网　　址：http://www.tdpress.com/51eds/
印　　刷：北京铭成印刷有限公司
版　　次：2019 年 8 月第 1 版　2020 年 6 月第 2 次印刷
开　　本：787 mm×1 092 mm 1/16　**印张：**10　**字数：**249 千
书　　号：ISBN 978-7-113-26070-5
定　　价：32.00 元

前言

PREFACE

高等院校的计算机基础教育大致为2个方向内容，一是偏向理工科的计算机基础教育，主要涉及计算机基础、程序设计、操作系统、网络空间安全等；二是面向文科学生，基本以计算机基础、办公自动化为主。本书在面向文科学生的基础上，适当地加入了程序设计、图形图像处理及数据库操作等模块，教师可以根据专业需求让理工科的思维融入文科教学过程，有效地进行计算思维的训练，达到教学目的。

本书以实验项目的方式共设计了8个实验模块，主要为Windows 7基本操作、C程序设计、Photoshop、Word 2013、Excel 2013、PowerPoint 2013、计算机网络、Access 2013，各部分实验用例深入简出，基本覆盖主教材《大学计算机基础与计算思维》(中国铁道出版社有限公司，陆军主编)中的所有知识点。

本书由陆军主编。参与编写的人员还有安德智、武光利、丁要军、李燕、师晶晶、任文、张琛、李振江、岳海云。

本书的编写力求做到由浅入深、层次分明、概念清晰，在选取案例时追求生动、通俗易懂，同时涉及的知识点尽量全面、新颖。由于编者水平有限，加之时间仓促，书中难免存在疏漏和不足之处，敬请广大读者和同行不吝指正。

编　者

2019年于兰州

目 录

CONTENTS

第1章

Windows 7

实训　Windows 7 的基本操作

实训目的

（1）掌握 Windows 7 的开机、关机、注销、睡眠和重新启动等操作。

（2）掌握鼠标的基本操作。

（3）掌握 Windows 7 桌面图标、“开始”菜单和任务栏的基本操作。

（4）掌握窗口、对话框的基本操作。

实训内容

【案例】 Windows 7 的开机、关机、注销、睡眠和重新启动，鼠标的基本操作，认识桌面元素，桌面图标操作，开始”菜单操作，任务栏操作，窗口操作，对话框操作，输入法切换，菜单及其基本操作。

具体步骤：

1. Windows 7 的开机、关机、注销、睡眠和重新启动等操作练习

1）开机和关机

按下计算机开机电源后，如果计算机无开机密码和操作系统密码，则自动登录到 Windows 7 操作系统桌面，如图 1-1 所示。

图 1-1　Windows 7 桌面图标

当用户希望关机时，可以按【Alt+F4】组合键，弹出“关闭 Windows”对话框，如图 1-2 所示，单击“确定”按钮；也可以单击桌面左下角的“开始”按钮，在弹出的列表中单击“关机”按钮，如图 1-3 所示。

图 1-2 “关机 Windows”对话框

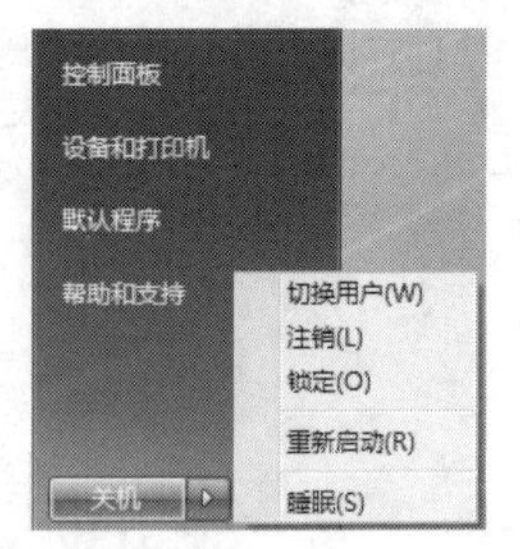

图 1-3 单击“关机”按钮

2）注销当前用户

单击“开始”→“关机”按钮右侧的小黑三角，在弹出的列表中选择“注销”命令，如图 1-3 所示。

3）将计算机进入睡眠状态

当用户暂时不需要使用计算机时，可以让系统进入睡眠状态，以节约能源。在如图 1-3 所示的列表中选择“睡眠”命令进入睡眠状态，按任意键恢复工作状态。

4）重新启动计算机练习

在图 1-3 所示的列表中选择“重新启动”命令。

2. 鼠标的基本操作练习

1）姿势练习

手握鼠标，不要太紧，使鼠标的后半部分恰好在手掌下，食指和中指分别轻放在左右按键上，拇指和无名指轻夹两侧。

2）移动练习

移动鼠标指针使其对准桌面上的“计算机”图标。

3）左键单击（简称单击，指鼠标左键单击一次）练习

按下并松开鼠标左键，“计算机”图标颜色变深，表明该图标已被选中。

4）左键双击（简称双击，指鼠标左键连续单击两次）练习

将鼠标指针指向“计算机”图标，快速、连续地按下鼠标左键两次并释放鼠标左键，即打开“计算机”窗口。

5）左键拖动练习

关闭打开的“计算机”窗口，将鼠标指针指向“计算机”图标，按住鼠标左键不放，然后在桌面上拖动，将鼠标指针移到目标位置，释放鼠标左键。

6）右键单击（简称右击）练习

在桌面空白区域，快速按下鼠标右键并释放鼠标右键，这时会出现一个快捷菜单，如图 1-4 所示。

3. 认识桌面元素

桌面是用户启动 Windows 7 之后见到的主屏幕，包括桌面图标（默认用户、网络、回收站、

计算机 4 个图标）、“开始”菜单、任务栏，如图 1-1 所示。

4. 桌面图标操作练习

1）图标排列方式练习

在 Windows 7 桌面上空白区域右击，在弹出的快捷菜单中选择“排列方式”命令，再在弹出的子菜单中选择所需的排列方式，如图 1-5 所示。

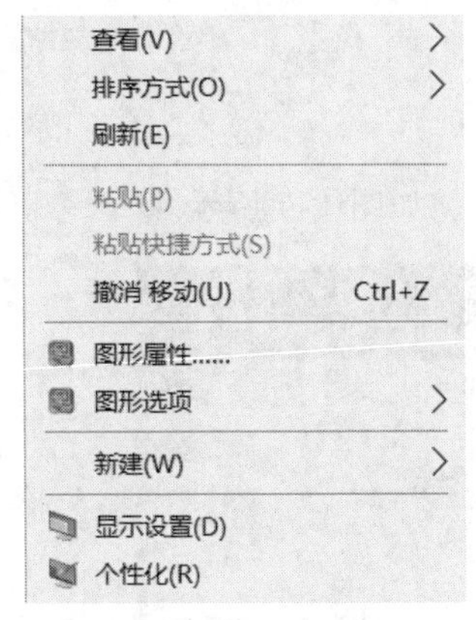

图 1-4 桌面右键菜单

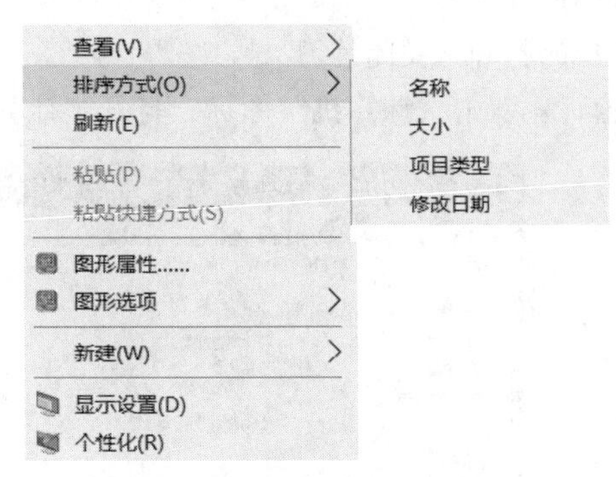

图 1-5 “排列方式”子菜单

2）图标查看方式练习

在 Windows 7 桌面上空白区域右击，在弹出的快捷菜单中选择“查看”命令，再在弹出的子菜单中选择所需的查看方式，如图 1-6 所示。在取消选择“自动排列图标”选项状态下，可自由拖动桌面上的图标进行排列。

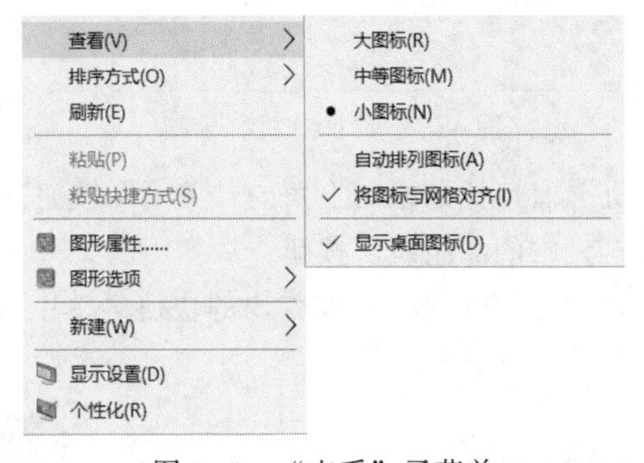

图 1-6 “查看”子菜单

5. “开始”菜单练习

单击桌面左下角“开始”→“所有程序”，查看本机安装的软件，查看“Microsoft Office”、“附件”文件夹。

6. 任务栏操作练习

1）任务栏属性设置练习

在任务栏的空白区域右击，在弹出的快捷菜单中选择“属性”命令，在弹出对话框中单击“任务栏”选项卡，观察都有哪些选项，分别选择或取消各个复选框，单击“应用”按钮，观察任务栏的变化，了解各选项的功能。

2）任务栏位置调整练习

在任务栏未锁定情况下，将鼠标指针指向任务栏空白区域，按住鼠标左键不放弃拖动，可将任务栏放置在屏幕上、下、左、右边界位置。

3）任务栏尺寸调整练习

将鼠标指针指向任务栏的边界，当鼠标指针变为上下箭头时，拖动鼠标左键上下移动至适当位置，释放鼠标左键，可改变任务栏大小。

7. 窗口操作练习

1）窗口的打开与关闭练习

打开窗口：双击“计算机”图标，打开“计算机”窗口，如图 1–7 所示。

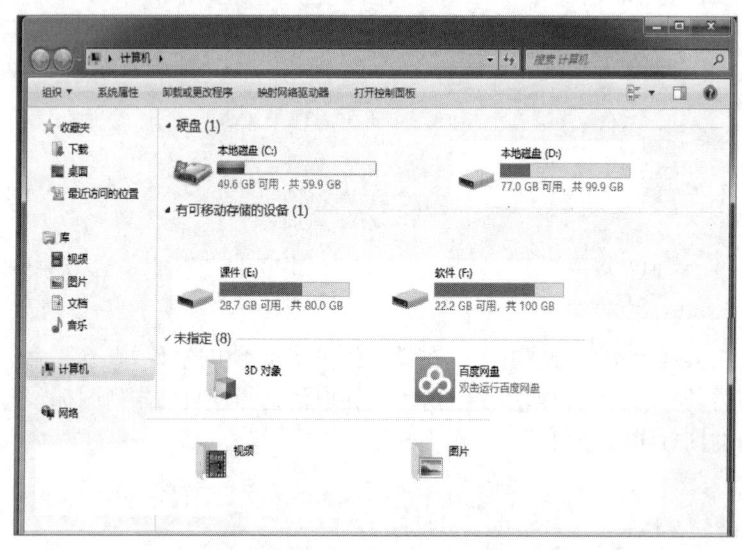

图 1–7 “计算机”窗口

关闭窗口：单击“计算机”窗口标题栏右上角的“关闭”按钮。

单击“计算机”窗口工具栏中的“组织”按钮，从弹出的菜单中选择“关闭”命令。

右击“计算机”窗口内标题栏的空白区域，在弹出的快捷菜单中选择“关闭”命令，如图 1–8 所示。按【Alt+F4】组合键也可以关闭窗口。

2）窗口尺寸调整练习

打开“计算机”窗口，利用标题栏上相应按钮，分别将窗口最大化、最小化和还原；利用鼠标任意调整窗口大小。

3）调整窗口的位置练习

打开“计算机”窗口，将鼠标指针指向标题栏，拖动鼠标至适当位置后释放鼠标左键，可改变窗口在桌面上的位置。

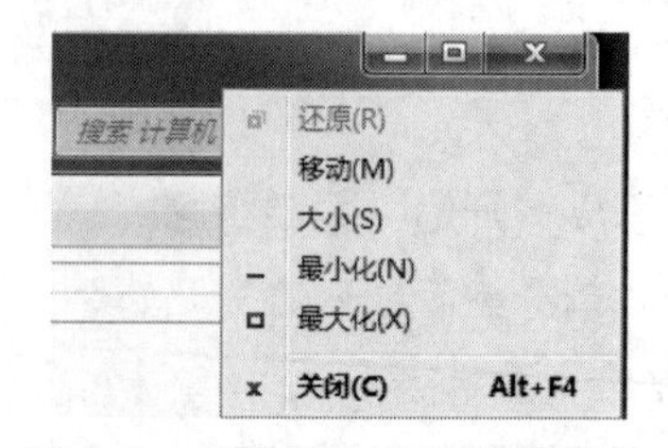

图 1–8 “关闭”窗口快捷菜单

4）窗口的排列练习

打开“计算机”、“回收站”和“网络”等多个窗口，然后右击任务栏空白区域，在弹出的快捷菜单中分别选择“层叠窗口”、“堆叠显示窗口”、“并排显示窗口”和“显示桌面”命令，注意观察桌面窗口的排列变化。

8. 对话框操作练习

打开“计算机”窗口，选择“工具”→“文件夹选项”命令，弹出“文件夹选项”对话框，分别单击各个标签，了解它们的作用，观察对话框标题栏右侧有哪些可用按钮。

9. 输入法切换练习

分别按快捷键【Ctrl+Space】(中英文切换)、【Ctrl+Shift】(各种输入法切换)、【Ctrl+.】(中英文标点符号切换)、【Shift+Space】(全角/半角切换)，观察输入法指示器的变化。

10. 菜单及其基本操作练习

1）熟悉“状态栏”、“标准按钮”和“地址栏”

打开“计算机”窗口，然后分别选择“查看”→“状态栏”命令，“查看”→“工具栏”→“标准按钮”命令；“查看”→“工具栏”→“地址栏”命令。观察状态栏、标准按钮、地址栏的出现和消失情况。

2）熟悉文件夹的查看方式

打开“计算机”窗口，然后分别选择“查看”→“大图标”命令，“查看”→“小图标”命令，“查看”→“列表”命令，“查看”→“详细资料”命令，观察窗口的变化情况。

3）熟悉用菜单快捷键实现上述操作

打开“计算机”窗口，然后按【F10】键或【Alt】键激活菜单栏，再单击菜单名后面括号中的字母键。例如，若想以列表方式显示“计算机”窗口中的内容，可依次按【Alt】键、【V】键、【L】键。

第2章

C 程序设计

实训 1　C 程序基本知识

实 训 目 的

（1）掌握 C 语言程序的编译、连接和运行的过程。
（2）通过运行简单的 C 语言源程序，掌握 C 语言上机步骤。
（3）掌握基本的输入/输出。
（4）掌握基本的运算。

实 训 内 容

【案例 2-1】编译环境

C 语言是编译型语言，设计好一个 C 源程序后，需要经过编译、连接生成可执行的程序文件，然后执行。

具体步骤：

1. 启动程序

启动 VC++ 6.0，界面如图 2-1 所示。

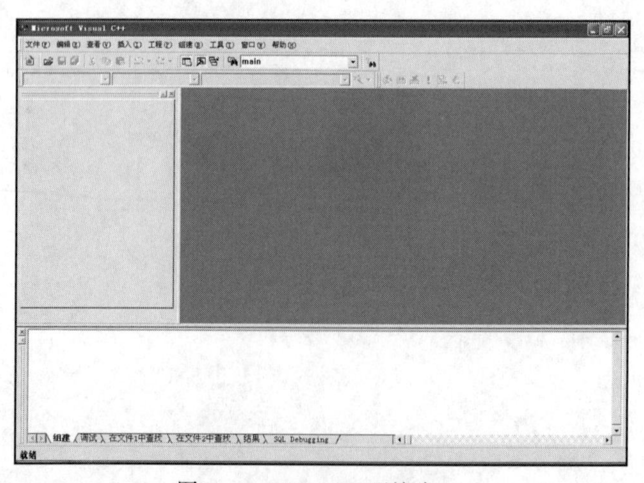

图 2-1　VC++ 6.0 环境窗口

2. 建立工程

（1）选择“文件”→“新建”命令，弹出图 2-2 所示的“新建”对话框。

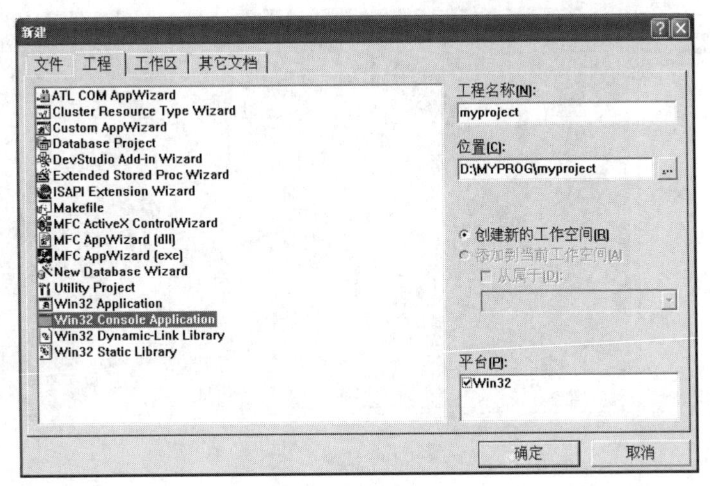

图 2-2　“新建”对话框

（2）在“工程”选项卡中选择“Win32 Console Application”类型的工程，在“位置”文本框中选择路径“D:\MYPROG\”，在“工程名称”文本框中输入工程名称“myproject”，单击“确定”按钮，弹出“Win32 Console Application”对话框，如图 2-3 所示。

（3）在“Win32 Console Application”对话框中选择“一个空工程”单选按钮，然后单击“完成”按钮，弹出“新建工程信息”对话框，如图 2-4 所示。在“新建工程信息”对话框中单击“确定”按钮，完成工程的创建，弹出“myproject”工程窗口，如图 2-5 所示。

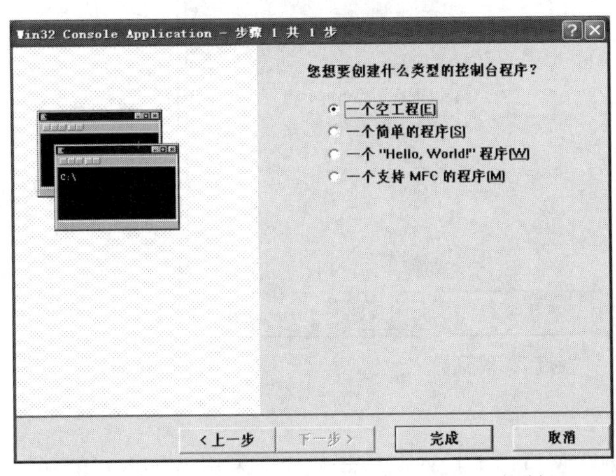

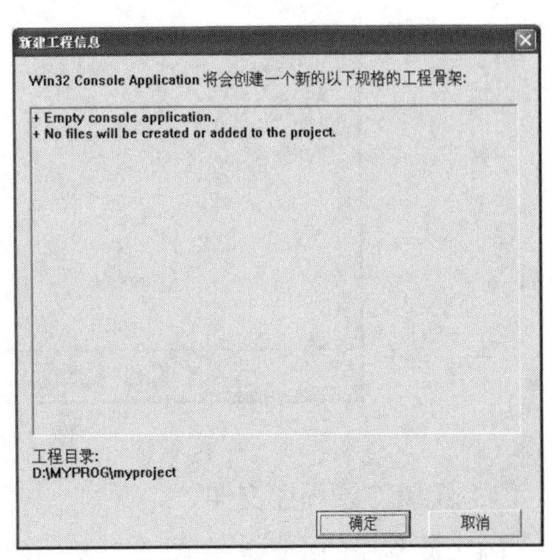

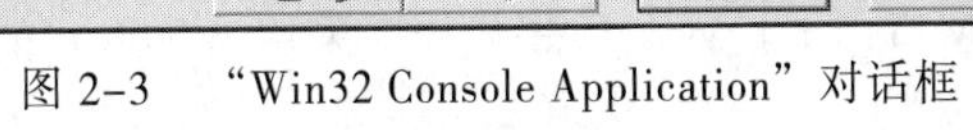
图 2-3　“Win32 Console Application”对话框　　图 2-4　“新建工程信息”对话框

3. 新建 C 语言源程序文件

选择“文件”→“新建”命令，弹出“新建”对话框，如图 2-6 所示，在“文件”选项卡中选择“C++ Source File”，并在“文件名”文本框输入文件名“hello.c”（读者可自行命名，若是 C 语言程序，文件的扩展名为.c；若是 C++程序，则扩展名为.cpp），单击“确定”按钮，完成新建 C 源程序文件。

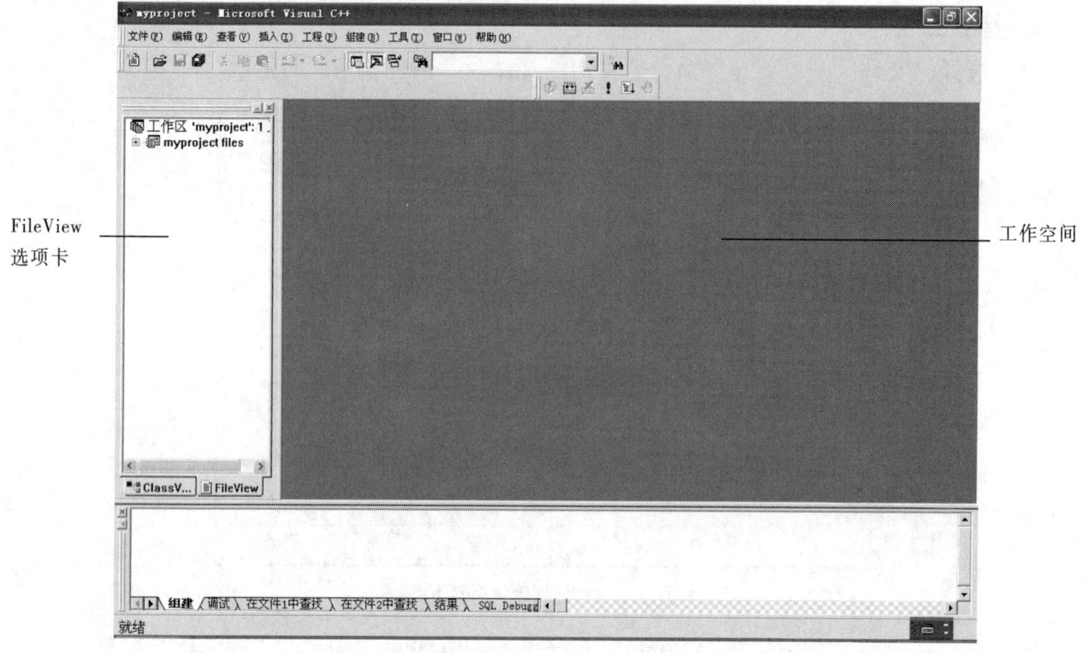

图 2-5 “myproject”工程窗口

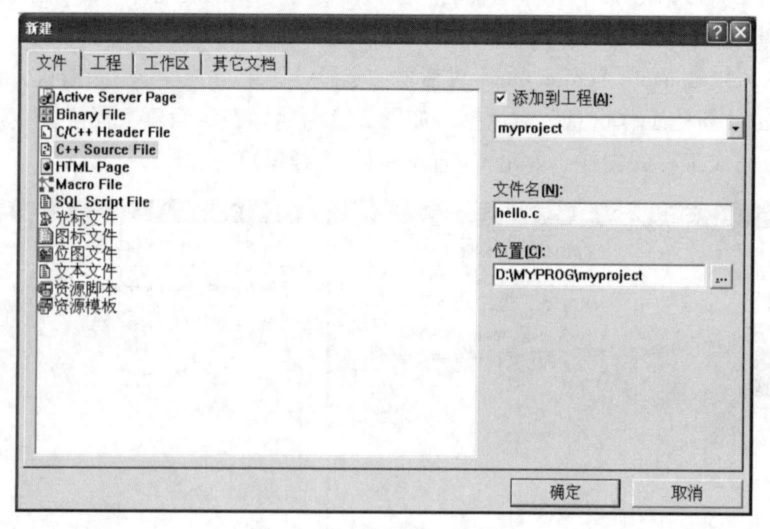

图 2-6 “新建”对话框

4. 编辑 C 源程序文件

（1）源程序的编辑。在图 2-7 所示的编辑窗口内，输入源程序代码，采用 Windows 的编辑操作方法。

（2）源程序的存储。选择“文件”→“保存”命令或按【Ctrl+S】组合键保存该文件。

5. 编译运行

在 VC++ 6.0 环境下，选择“组建”→“执行”命令或按【Ctrl+F5】组合键（或直接单击 ! 按钮）执行文件，弹出输出结果窗口，如图 2-8 所示，按任意键关闭该窗口。

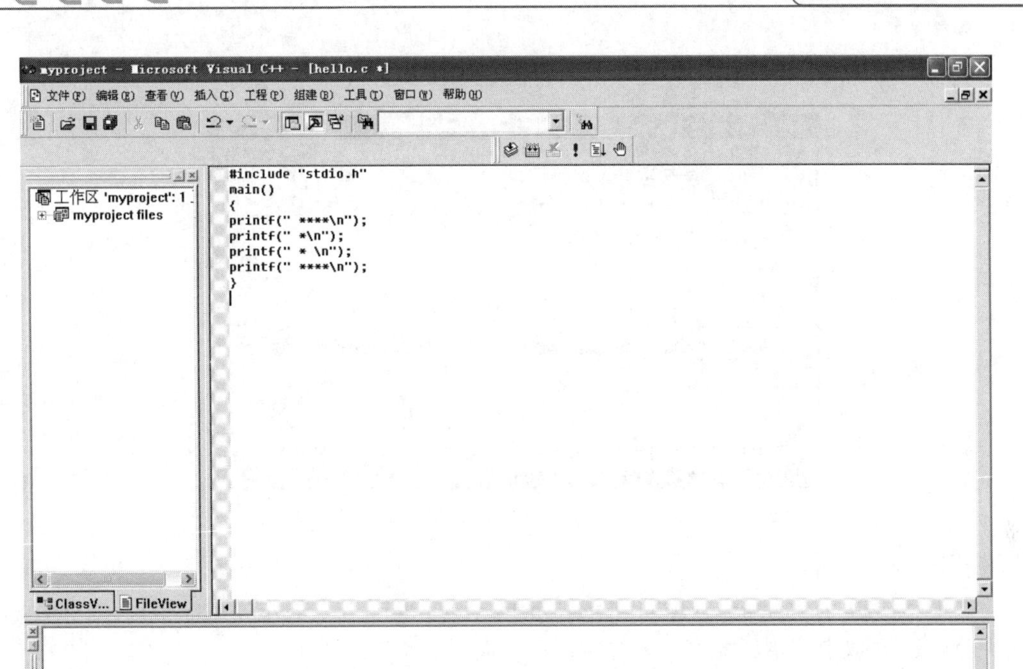

图 2-7　C 源程序编辑窗口

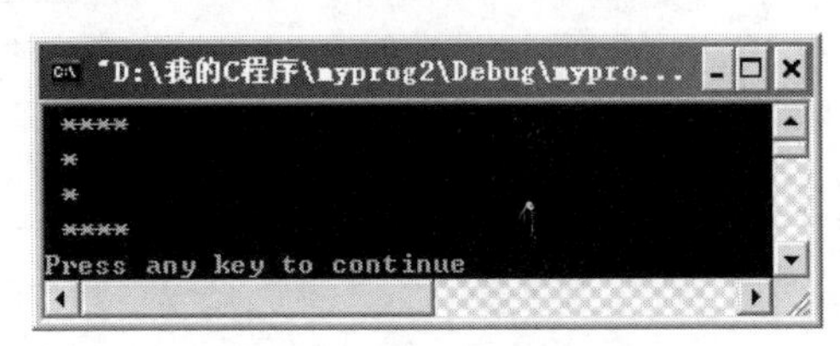

图 2-8　输出结果窗口

6. 关闭程序工作区

当一个程序编译、连接后，VC++系统自动产生一个相应的工作区，以完成程序的运行和调试。若要执行另一个程序，必须关闭前一个程序的工作区，然后通过新的编译、连接，产生新程序的工作区，否则，运行的将一直是前一个程序。

【案例 2-2】基本程序编写及调试。

第一次编写的程序有错误是很正常的，即使是熟练的专业程序员也难以保证所写的程序没有错误，所以如何将这些错误快速查找出来并进行修改是非常重要的。在程序中查找错误并修改错误的过程就是调试，调试技术是编程的一项基本技能。

将下面的程序输入计算机运行，查看结果，分析出错原因并更正。

```
#include<stdio.h>
main()
{
  int i
  i=0;
  printf("i=%d\n",i);
}
```

上述程序编译时，在输出窗口提示语法错误，如图 2-9 所示。

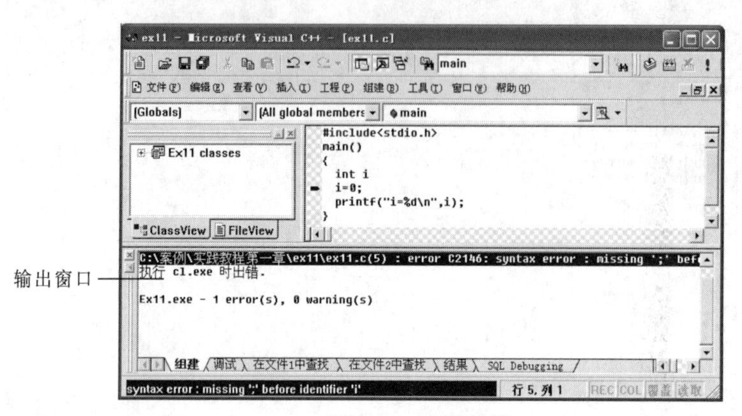

图 2-9　编译结果

【错误分析】

错误提示信息为“syntax error: missing' ; 'before identifyier 'i'”表示“语法错误：在标识符 i 前丢失分号';'”。双击该错误提示，光标定位在错误行。

【错误更正】

在“int i”后添加英文标点“;”，程序重新编译，无错误、警告提示信息，表明上述语法错误被排除，其运行结果如图 2-10 所示。

图 2-10　运行结果

编译时的提示信息除了上面的错误信息外，往往还有警告信息。

将下面的程序输入计算机运行，查看结果，分析出错原因并更正。

```
#include<stdio.h>
main()
{
 int i;
 i=1.33;
 printf("i=%d\n",i);
}
```

上述程序编译时，在输出窗口提示警告信息，如图 2-11 所示。

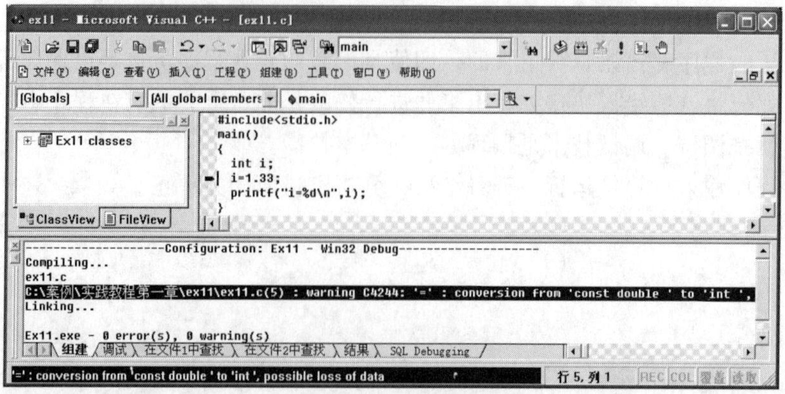

图 2-11　编译结果

【错误分析】

警告提示信息为“conversion from 'const double' to 'int':possible loss data”表示“将双精度常量赋值给整型变量：可能导致数据丢失”。双击该提示，光标定位在警告行。

【错误更正】

给 i 赋一个整型值，将“i=1.33”改为“i=1”，警告信息消除，上述程序运行结果如图 2-12 所示。

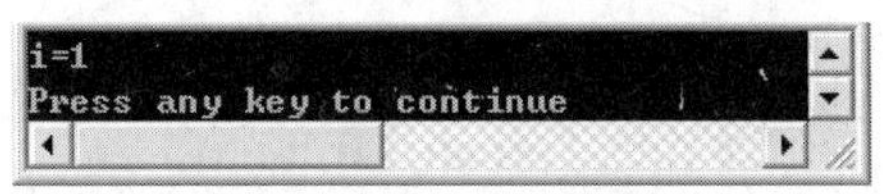

图 2-12　运行结果

【案例 2-3】数据溢出错误。

在程序设计中引起意外结果的原因很多，其中常见的一类是由于变量类型定义与操作不当引起的，下例演示了这类错误。

分析以下程序，写出运行结果，最后上机运行，将得到的结果与分析得到的结果进行比较。

```
#include<stdio.h>
main()
{
  short int a,b;
  a=32767;
  b=a+1;
  printf("a=%d,a+1=%d\n",a,b);
}
```

【结果分析】

上述程序中定义了短整型变量 a 和 b，a 赋值为短整型数可表示的最大值 32767，b 等于 a 加 1，这样 b 的值就发生了溢出，所以输出为-32768。

程序运行结果如图 2-13 所示。

图 2-13　运行结果

【案例 2-4】字符输出。

分析以下程序，写出运行结果，最后上机运行，将得到的结果与你分析得到的结果进行比较。

```
#include<stdio.h>
main()
{
  char c1,c2;
  c1=97;
  c2=98;
  printf("%c  %c\n",c1,c2);
}
```

【结果分析】

上述程序中定义了字符型变量 c1 和 c2，并为其赋整型值，最后按字符型输出。根据 ASCII

码对照表，可知 97 为字符 a 的 ASCII 码值，98 为字符 b 的 ASCII 码值，所以输出结果为“a　b”，程序运行结果如图 2-14 所示。

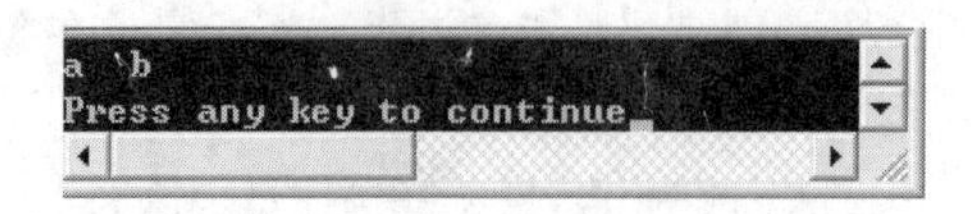

图 2-14　运行结果

【扩展思考】

（1）在上面的 printf 语句后增加语句 “printf("%d %d\n",c1,c2);”，程序的运行结果是什么？

（2）在上面的 printf 语句后增加语句 “printf("%d %d\n",c1-32,c2-32);”，程序的运行结果是什么？

（3）若将 “char c1,c2;” 改为 “int c1,c2;”，结果会有变化吗？为什么？

（4）若将 “c1=97;c2=98;” 改为 “c1='a';c2='b';”，结果会是什么？

（5）若将 “c1=97;c2=98;” 改为 “c1="a";c2="b";”，结果会是什么？

【案例 2-5】算术表达式求值。

复杂算术表达式在计算机与数学中的求值过程有较大差别，需要考虑类型转换及运算符的优先级等，下例演示了一个算术表达式在计算机中的求值过程。

```
#include<stdio.h>
main()
{
    int a=7;
    float x=2.5,y=4.7,r;
    r=x+a%3*(int)(x+y)%2/4;
    printf("%.2f\n",r);
}
```

【结果分析】

上述程序中对 r 的求值涉及变量在运算时的类型转换及运算符的优先级。在表达式 “r=x+a%3*(int)(x+y)%2/4” 中，由于(int)(x+y)优先级最高，求得值为 7，“a%3*(int)(x+y)%2/4” 运算过程为 a%3*(int) (x+y)%2/4→a%3*7%2/4→1*7%2/4→0，所以 r 最后为 x 的值，按格式输出为 2.50。

【案例 2-6】复合赋值表达式求值。

在 C 语言中常用 “=” 连接成一些复杂的表达式，本例演示了这类复合赋值表达式的求值过程。

分析以下程序，写出运行结果，最后上机运行，将得到的结果与分析得到的结果进行比较。

```
#include<stdio.h>
main()
{
    int x,y,z,t;
    x=10,y=20,z=30,t=5;
    printf("%d\n",x+=y+=z*z);
    printf("%d\n",t+=t-=t*t);
}
```

【结果分析】

赋值表达式 x+=y+=z*z 等价于赋值表达式 x=x+(y=y+z*z)，其结果为 930。

由于赋值运算的右结合性，在 t+=t-=t*t 中，先计算 t-=t*t（等价于 t=t-t*t）得到 t=-20，然后再计算 t+=-20（等价于 t=t+t）得到 t=-40。

【案例 2-7】自增自减运算求值。

自增自减运算及由其构成的复合运算在求值时极易出错，必须掌握其运算的先后次序才能“以不变应万变”，本例给出了一个详细的自增自减运算的求值过程。

分析以下程序，写出运行结果，最后上机运行，将得到的结果与分析得到的结果进行比较。

```
#include<stdio.h>
main()
{
    int i,j;
    i=4;j=9;
    printf("%d    %d\n",i++,++j);
    printf("%d,%d\n",i,j);
    printf("%d,%d\n",-i++,-++j);
}
```

【结果分析】

在“printf("%d   %d\n",i++,++j);”语句中 i++先输出其值，再对 i 执行加 1 操作；++j 则先执行加 1 操作再输出，所以输出结果为“4   10”。

用“printf("%d,%d\n",i,j);”输出 i 和 j 的值时，i 已经完成了自加操作，所以输出结果为“5,10”。

在“printf("%d,%d\n",-i++,-++j);”中，-i++和-++j 等价于-(i++)和-(++j)。

程序运行结果如图 2-15 所示。

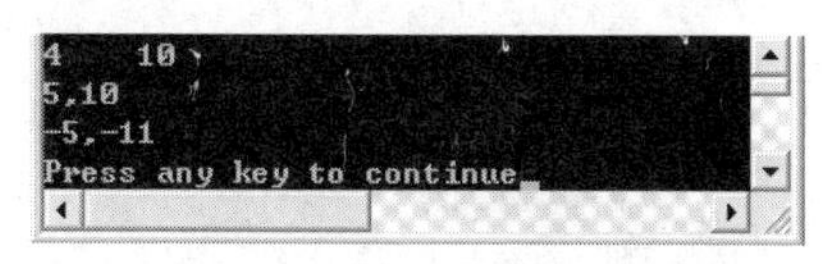

图 2-15 运行结果

操 作 练 习

（1）上机验证下列程序，分析代码含义并运行结果。代码如下：

```
#include<stdio.h>
main()
{
    int a=123;
    int x;
    float b=1.2;
    x=a%10;
    a=a/10;
    b=b/10;
    printf("a=%d,x=%d,b=%f\n",a,x,b);
}
```

分析：本例主要涉及算术运算符的使用，在使用“/”时，如果两个操作数同为整型数，则为整除（结果只保留结果的整数部分，小数部分舍弃），如果两操作数不同时为整型数时，所得的结果为准确结果，即包括整数以及小数部分（如果有小数）。

（1）分析下列程序代码，并上机执行，查看结果。代码如下：

```
#include<stdio.h>
main()
{
    int a=3,b=4,c=5;
    int x,y,z,m,n;
    x=(c>b>a);
    y=(c>b&&b>a);
    z=(a=3);
    m=(a==3);
    n=a+b<c*a-b;
    printf("x=%d,y=%d,z=%d,m=%d,n=%d\n",x,y,z,m,n);
}
```

分析：上面代码中使用几个整型变量保存右边表达式的值，有关系表达式和赋值表达式。在进行关系表达式运算时，注意与数学里的表达式的区别。另外，因为关系运算符的优先级都低于算术运算符的优先级，所以 n=a+b<c*a-b 等价于 n=((a+b)<(c*a-b))。

（2）分析下列程序代码含义，上机运行并得到结果。代码如下：

```
#include<stdio.h>
main()
{
    int a,b,m,x=1.2;
    float y;
    y=(x+13.8)/5;
    m=(int)y%2;
    a=3<2?3:4>3?4:3;
    b=a++,++m,++x;
    printf("x=%d,y=%f,m=%d,a=%d,b=%d\n",x,y,m,a,b);
}
```

分析：代码中出现了多次的强制类型转换，有些是隐式转换，有些则为显式转换。另外，条件运算符的结合方向是右结合而逗号运算符的结合方向为左结合，并且逗号的优先级最低。

实训 2　C 程序基本控制结构

实 训 目 的

（1）掌握 C 语言程序的基本控制结构。

（2）能利用基本的控制结构完成简单的 C 程序设计。

实 训 内 容

【案例 2-8】

求三个数中的最大数，要求用单一 if 语句实现。

分析：求三个数中的最大数，有几种方法都可以实现，这里要求用单一 if 语句来实现。

三个数比较大小，可以先把任意一个数放进变量 m 中，然后跟后面的数比较，谁大，就把谁放到 m 中，所以最后在 m 变量中的，就是三个数中的最大数。这种方法清晰明了，容易理解。

```
#include<stdio.h>
main()
{
    int x,y,z,m;
    printf("please enter three numbers:\n");
    scanf("%d,%d,%d",&x,&y,&z);
    m=x;
    if(y>m)  m=y;
    if(z>m)  m=z;
    printf("the maximum:%4d\n",m);
}
```

程序运行结果如图 2-16 所示。

```
please enter three numbers:
6,4,9
the maximum:    9
Press any key to continue
```

图 2-16　运行结果

【案例 2-9】

本程序是一个 if 的二分支结构，但本程序很巧妙的是，这两个分支，都没有执行，真正确定 x 值的，是最后一个赋值语句。因为 if 后面的条件都为假，所以两个分支都不执行。

```
#include<stdio.h>
main()
{   int x=100,m=5,n=0;
        if(!m)
            x=1;
        else if(n)
            x=40;
            x=-1;
    printf( "%d\n" ,x);
}
```

【案例 2-10】给出下列分段函数的计算程序代码。根据输入的 x 的值，计算出 T 的值，并输出。

$$y=\begin{cases}(x+5)^2+3x & (x>0)\\ 0 & (x=0)\\ (x-5)^2-3x & (x<0)\end{cases}$$

程序分析：

对于分段函数，运用 if-else 语句，即可解决。

程序代码：

```
#include "stdio.h"
void main()
{   float x,y;
```

```
    printf("Enter X:\n");
    scanf("%f",&x);
    if(x>0)  y=(x+5)*(x+5)+3*x;
    else  if(x==0)  y=0;
    else  y=(x-5)*(x-5)-3*x;
    printf("x=%f  y=%f\n",x,y);
}
```

【案例 2-11】输入某学生的成绩，经处理后给出学生的等级，等级分类如下：

90 分以上（包括 90）：A

80 至 90 分（包括 80）：B

70 至 80 分（包括 70）：C

60 至 70 分（包括 60）：D

60 分以下：E

分析：这类题目用一般用多分支结构语句来实现，一种是用 if 语句，一种是用 switch()语句，在多分支的情况下，用 switch()语句实现，比用 if 语句实现更清晰明了。所以这里给出 switch()的实现方法。

程序代码如下：

```
#include "stdio.h"
main()
{
    int g,s;char ch;
    printf("\n input a student grade:");
    scanf("%d",&g);
    s=g/10;
    if(s<0||s>10)
    printf("\n input error!");
    else
    {
        switch (s)
        {
            case 10:
            case 9:  ch='A';  break;
            case 8:  ch='B';  break;
            case 7:  ch='C';  break;
            case 6:  ch='D';  break;
            default: ch='E';
        }
        printf("\n the student scort:%c",ch);
    }
}
```

程序运行结果如图 2-17 所示。

```
"d:\我的文档\桌面\Debug\sym.exe"
input a student grade:88
the student scort:BPress any key to continue_
```

图 2-17　运行结果

【案例 2-12】while 循环语句求 1+2+3+…+100。

代码如下：

```
#include<stdio.h>
 main()
{
  int i,sum=0;
  i=1;
  while(i<=100)
  {
      sum=sum+i;
      i++;
  }
  printf("%d\n",sum);
  return 0;
}
```

【案例 2-13】for 循环语句求 1+2+3+…+100。

```
#include<stdio.h>
 main()
{
    int i,sum=0;
    for(i=1,i<=100,i++)
    {
        sum=sum+i;
    }
    printf("%d\n",sum);
    return 0;
}
```

请注意 for 语句和 while 语句的区别。

操 作 练 习

（1）输入三角形的三条边，判断其能否构成三角形，如果可以，则判断出三角形的种类：等腰三角形、等边三角形或一般三角形。

```
#include<stdio.h>
void main()
{
    int a,b,c;
    printf("请输入三角形的三条边：");
    scanf("%d%d%d",&a,&b,&c);
    if(a+b>c&&a+c>b&&b+c>a)
       if(a==b&&b==c)
           printf("等边三角形\n");
       else if(a==b||b==c||a==c)
           printf("等腰三角形\n");
       else
           printf("一般三角形\n");
    else
       printf("不能构成三角形\n");

}
```

（2）利用条件运算符的嵌套来完成此题：学习成绩>=90 分的同学用 A 表示，60～89 分之间的用 B 表示，60 分以下的用 C 表示，输出分数和对应的等级。

```
#include<stdio.h>
void main()
{
    int score;
    char grade;
    printf("please input a score\n");
    scanf("%d",&score);
    grade=score>=90 ? 'A': (score>=60 ? 'B' : 'C');
    printf("%d belongs to %c\n",score,grade);
}
```

（3）打印 1～100 范围内所有能被 7 整除的数（每个数单独一行），计算并输出这些数的和。

```
#include<stdio.h>
void main()
{
    int i,s=0;
    printf("100 以内能被 7 整除的数: \n");

    for(i=1;i<=100;i++)
    if (i%7==0)
    {
        printf("%d\n",i);
        s=s+i;
    }
    printf("总和=%d\n",s);
}
```

（4）输入年号，输出这一年的 2 月份的天数。

提示：年号能被 4 整除且不能被 100 整除为闰年，或年号能被 400 整除为闰年。

```
#include<stdio.h>
void main()
{
    int year,leap;
    printf("请输入年份:\n");
    scanf("%d",&year);

    leap=0;
    if(year%4==0)
    if(year%100!=0)
            leap=1;
    if(year%400==0)
        leap=1;
    if(leap)
        printf("%d 年的 2 月有 29 天\n",year);
    else
        printf("%d 年的 2 月有 28 天\n",year);
}
```

（5）输出 100 以内不能被 6 整除的整数的和与个数。

```
#include<stdio.h>
void main()
{
    int i,n=0,s=0;  //n 存个数，s 存和
    for(i=1;i<=100;i++)
    if(i%6!=0)
     {s=s+i;n++;}
    printf("s=%d,n=%d\n",s,n);
}
```

（6）求 100～200 之间的所有素数之和。

```
#include "stdio.h"
main()
{
    int n,i,s=0;

    for(n=100;n<=200;n++)
    {
        for(i=2;i<n;i++)
            if (n%i==0) break;
        if  (i==n) s=s+n;
    }
    printf("%d",s);
}
```

（7）编程求 100 以内所有能被 5 或 7 整除的自然数之和。

```
# include"stdio.h"
main()
{
    int i,s=0;
    for(i=1;i<=100;i++)
       if(i%5==0&&i%7==0) s=s+i;
          printf("%d",s);
}
```

（8）试编程序，找出 1～99 之间的全部同构数。同构数是这样一组数：它出现在平方数的右边。例如，5 是 25 右边的数，25 是 625 右边的数，5 和 25 都是同构数。

```
#include<stdio.h>
main()
{
    int i;
    for(i=1;i<100;i++)
        if(i*i%10==i || i*i%100==i)
            printf("%3d",i);
}
```

第3章

Photoshop

实训　使用 Photoshop 进行图像处理操作

实 训 目 的

（1）掌握 Photoshop 基本工具的使用和图像的基本编辑方法。

（2）掌握 Photoshop 的图像合成技术。

（3）学会图层、滤镜的使用。

实 训 内 容

（1）打开素材图片“人像.jpg”文件，对人脸进行去痣、皮肤美化、消除眼袋的处理，处理前后的效果如图 3-1 所示。

（a） 原图

（b）处理后

图 3-1　图像处理前后的效果

（2）制作电影海报：用素材图片“风景.jpg”、“城堡.jpg”、“发光图片.jpg”和“鸽子.psd”制作一幅电影海报，如图 3-2 所示。

（3）绘图创作。为黑白图片进行上色处理，对素材图片“线稿.jpg”添加彩色，如图 3-3 所示。

（a）风景.jpg

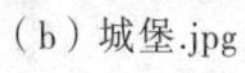

（b）城堡.jpg

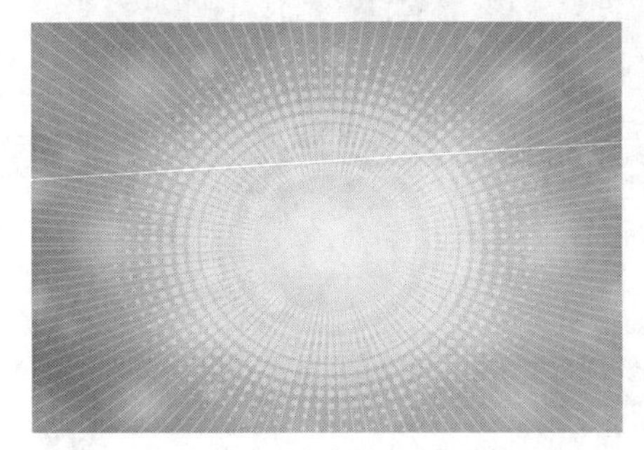

（c）发光图片.jpg

（d）鸽子.psd

（e）合成的电影海报

图 3-2　制作电影海报

（a）“线稿.jpg”原图

（b）上色后的图片

图 3-3　为黑白图片上色

（4）图层的应用。利用图层制作文字特效效果图，如图 3-4 所示。

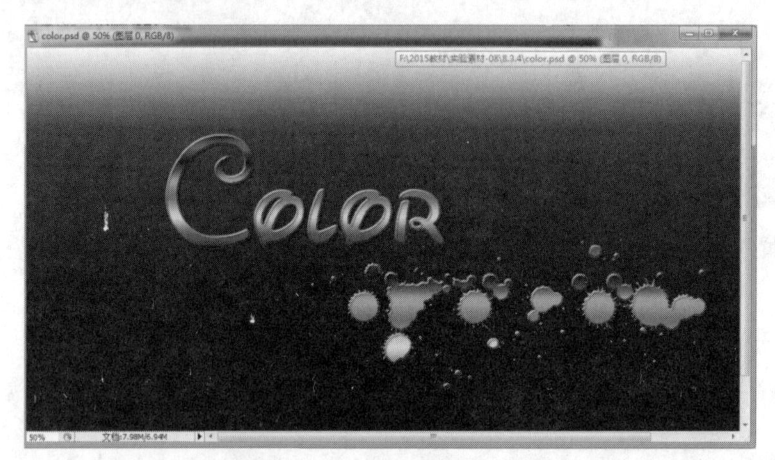

图 3-4　制作特效文字

（5）制作证件照，如图 3-5 所示。

图 3-5　制作 1 寸证件照

具体步骤：

1. 对人像的处理

1）去除人脸上的黑痣

（1）运行 Photoshop 应用程序，选择“文件”→“打开”命令，打开素材图片“人像.jpg”文件，可查看到照片的原始效果，按【Ctrl+J】快捷键复制“背景”图层，得到“图层 1”图层。

（2）选择工具箱中的“修复画笔工具”，并在该工具的选项栏中对画笔大小进行设置，选择“模式”下拉列表中的“正常”选项，并选中“源”中的“取样”单选按钮。

（3）按住【Alt】键的同时使用“修复画笔工具”在光滑的皮肤上单击取样，然后在人脸黑色痣上执行多次单击操作，即可去除脸上的黑痣，如图 3-6 所示。

2）皮肤美化

（1）选择“滤镜”→“模糊”→“表面模糊”命令，在弹出的“表面模糊”对话框中设置“半径”为20像素、“阈值”为8色阶，完成设置后单击“确定”按钮。

（2）在“调整”面板中，单击“色阶”按钮，创建新的色阶调整图层，并对其“属性”面板中的参数进行设置，依次设置RGB的值为5、1.35、200，在图像窗口中可以看到画面的影调更加细腻，如图3-7所示。在“图层”面板上右击，选择“合并可见图层”命令。

图3-6 去除黑痣后的效果

图3-7 调整“色阶”后的效果

3）去除眼袋

（1）按快捷键【Ctrl+J】复制“背景”图层，得到“图层1”图层，选择工具箱中的“修补工具”，并在该工具的选项栏中进行设置，选择“修补”下拉列表中的“正常”选项，并选中“源”单选按钮，为人物眼袋的修复做好准备。

（2）使用“修补工具”在眼袋位置单击并进行拖动，将眼袋区域的图像创建为选区，可以看到创建选区效果，如图3-8所示。

（3）用鼠标在选区的位置单击，并向下拖动选区，使用脸部其他部位的皮肤对眼袋进行修复，如图3-9所示，在图像窗口中可以看到人物的眼袋已消失。

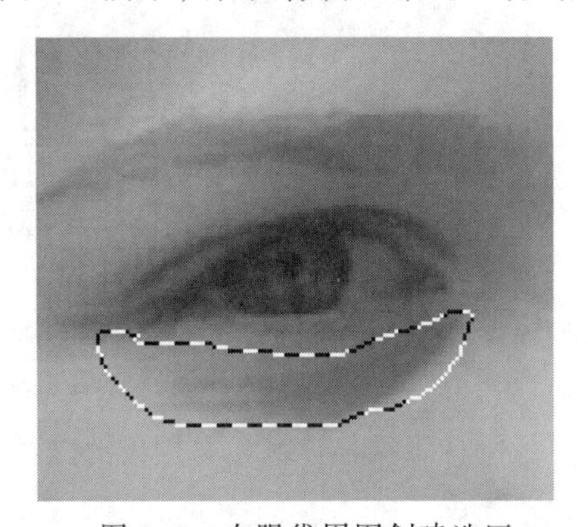

图3-8 在眼袋周围创建选区

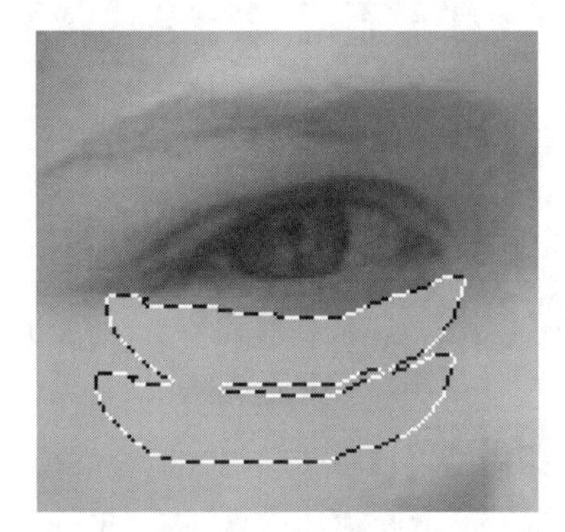

图3-9 拖动选区

（4）使用相同的方法将另外一只眼睛的眼袋进行消除，在图像窗口中可以看到编辑后的效果。

（5）按快捷键【Ctrl+J】复制“背景”图层，得到“图层1副本”图层，选择工具箱中的“模糊工具”，在其选项栏中进行设置，然后使用鼠标在人物眼袋部位进行涂抹，去除因为使用“修补工具”而形成的不自然感。

（6）在“图层”面板上右击，选择“合并可见图层”，然后选择“文件”→“存储为”命令，输入文件名，单击“保存”按钮即可保存文件。

2. 制作电影海报

1）图片合成

（1）运行 Photoshop 应用程序，选择“文件”→“新建”命令，弹出“新建”对话框，在其中设置宽度为 18 cm，高度为 20 cm，创建一个空白的文档。

（2）在图层面板中单击“创建新图层”按钮，得到“图层 1”图层。打开素材图片“风景.jpg”文件，按【Ctrl+A】组合键选择图片，按【Ctrl+C】组合键复制图片，在“图层 1”中按【Ctrl+V】组合键粘贴图片，选择工具箱中的“移动工具”，把图片移动到画布中合适的位置。

（3）在“图层”面板中单击“创建新图层”按钮，得到“图层 2”图层，打开素材图片“城堡.jpg”文件，按【Ctrl+A】组合键选择图片，按【Ctrl+C】组合键复制图片，在“图层 2”中按【Ctrl+V】组合键粘贴图片，选择“编辑→自由变换”命令，调整“城堡”图像至合适的大小，并放置在合适的位置，如图 3-10 所示，双击完成变换。

（4）在“图层”面板中单击“添加图层蒙版”按钮，为“图层 2”添加上白色的图层蒙版；选择工具箱中的“画笔工具”，设置前景色为黑色，画笔大小设为 30 像素，笔触为“硬边圆”，不透明度设为 100%，在城堡房子的周围进行涂抹，涂抹后的图片如图 3-11 所示。再把画笔大小设为 10 像素，继续在城堡边缘部分进行涂抹。

图 3-10　图片合成效果图

图 3-11　对城堡图片进行涂抹后的效果

（5）把画笔不透明度设为 40%，继续在城堡的边缘进行涂抹，让城堡与周围的图像进行自然的融合。

（6）单击“调整”面板中的“色阶”按钮，创建“色阶”调整图层，在打开的“属性”面板中依次设置 R、G、B 值为 45、1.54、210，对画面的整体影调进行校正，使其更具立体感。

（7）在“图层”面板中创建新图层，得到“图层 3”图层，打开素材图片“鸽子.psd”文件，将其复制到“图层 3”中，用“编辑”→“自由变换”命令调整大小，并放置在合适的位置，如图 3-12 所示，双击完成变换。

（8）在“图层”面板中创建新图层，得到“图层 4”图层，将其拖动到“图层 3”的下方，打开素材图片“发光图片.jpg”文件，将其复制到“图层4”中，用“编辑”→”自由变换”命令调整发光图片大小，放置在合适的位置，如图3-13所示。

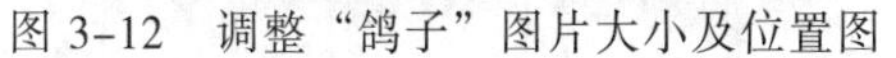

图3-12 调整“鸽子”图片大小及位置图

图3-13 调整“发光图片”大小及位置

（9）在“图层”面板中设置“图层4”的图层混合模式为“点光”，不透明度设为60%，可以看到鸽子的周围散发着绿色的光芒。

（10）在“图层”面板中选中“图层3”，按住快捷键【Ctrl+Shift】的同时，单击“图层3”的图层缩览图，将鸽子图像载入到选区中，如图3-14所示。

（11）为创建的鸽子选区在“调整”面板中创建“照片滤镜”调整图层，在打开的“属性”面板中选择“滤镜”下拉列表中的“深蓝”选项，并设置“浓度”为70%，调整鸽子的颜色。

（12）使用“矩形选框工具”在图像窗口中创建选区，如图3-15所示，羽化像素值设为0像素，然后选择“选择”→“反向”命令，将创建的矩形选区进行反向选择，如图3-16所示。单击“图层”面板下方的“创建新的填充或调整图层”按钮，在弹出的菜单中选择“纯色”，在弹出的“拾色器”对话框中选择橙色，单击“确定”按钮即可，在图像窗口中可以看到编辑后的图像，如图3-17所示。

图3-14 将鸽子图像载入到选区

图3-15 创建矩形选区

图 3-16　将矩形选区反选效果

图 3-17　为选区填充颜色

2）添加文字

（1）选择工具箱中的“横排文字工具”，设置字体大小为 72 点，设置文本颜色为白色，在图像窗口中的适当位置单击并输入文字“保护环境”，选择“图层”→“图层样式”→“斜面和浮雕”命令，选中“斜面和浮雕”和“描边”复选框，单击“样式”中的“描边”，将其中的“描边”大小设为 5 像素，描边颜色设为红色，单击“确定”按钮即可，使用“移动工具”把文字移动到适当的位置，如图 3-18 所示。

图 3-18　添加文字后的效果

图 3-19　添加扇形文字后的效果

（2）选择工具箱中的“横排文字工具”，设置字体大小为 30 点，设置文本颜色为黑色，在图像窗口中的适当位置单击并输入文字“拯救地球就是拯救未来”，选择“文字”→“文字变形”命令，在弹出的“变形文字”对话框中把样式设为“扇形”，单击“确定”按钮。选择工具箱中的“移动工具”，把文字移动到图像中相应的位置，编辑后的图像如图 3-19 所示。

（3）选择“文件”→“存储”命令，文件名称为“电影海报”，单击“保存”按钮即可。

3. 为线稿上色

（1）运行 Photoshop 应用程序，选择“文件”→“打开”命令，打开素材图片“线稿.jpg”文件，按快捷键【Ctrl+J】复制“背景”图层，得到“图层 1”图层。

（2）在“图层”面板中单击“添加图层蒙版”按钮，为“图层 1”添加白色的图层蒙版，单击图层蒙版缩览图，选择“选择”→“色彩范围”命令，在弹出的对话框中用“吸管工具”在线稿图片白色背景上单击，并选中“反相”复选框，如图 3-20 所示，设置完成单击“确定”按钮即可。

（3）在“图层”面板中单击“创建新图层”按钮，得到“图层 2”图层，将其拖动到“背景”图层的上方，如图 3-21 所示。

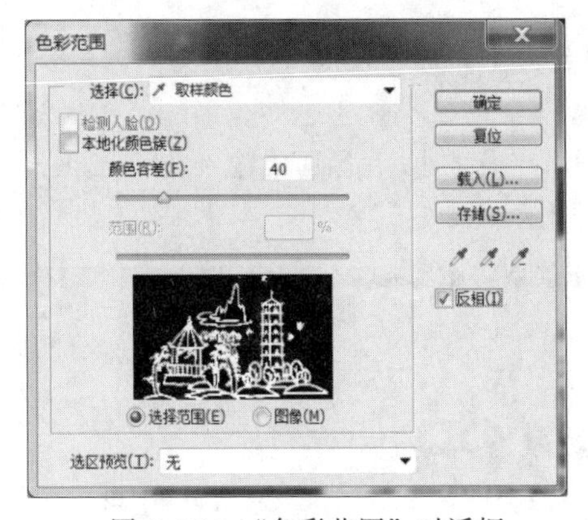

图 3-20 “色彩范围”对话框

图 3-21 “图层”面板

（4）设置前景色为 R55、G130、B30，然后选择工具箱中的“画笔工具”，并在其选项栏中进行设置，画笔大小设为 10 像素，不透明度设为 100%，选择“硬边圆”笔触使用画笔对图像中右下角树冠的下半部分进行涂抹上色，如图 3-22 所示。然后把不透明度设为 50%，使用画笔对图像中右下角树冠的上半部分以及中间位置的树进行涂抹上色，如图 3-23 所示。

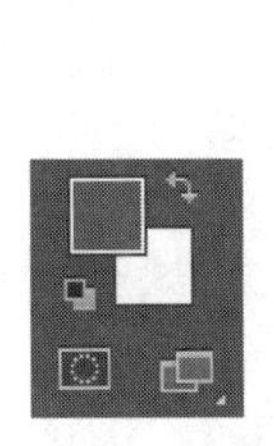

图 3-22 给树的下半部分涂上深绿色

图 3-23 对图片进行浅绿色上色处理图

（5）设置前景色为 R120、G46、B48，然后选择工具箱中的“画笔工具”，画笔大小设为 10 像素，不透明度设为 100%，在凉亭和塔的相应位置进行涂抹上色，如图 3-24 所示。

（6）采用相同的方法把塔和鸟涂抹成黄色，选择“柔边圆”笔触，使用画笔工具把山和石头涂抹成青色。

（7）设置前景色为 R170、G182、B192，然后选择“油漆桶工具”，在图像窗口中白色背景上单击，可以看到整个图像中的白色背景全被灰色填充，如图 3-25 所示。

图 3-24 对凉亭和塔进行涂抹上色

图 3-25 把图片白色背景填充为灰色

（8）选择“文件”→“存储”命令，文件名称为“线稿上色”，单击“保存”按钮即可。

4. 图层操作

（1）启动 Photoshop，选择“文件”→“新建”，创建一个名称为 color 的空白文档，其参数设置如图 3-26 所示。

（2）选择“横排文字工具” T，在“字符”面板中设置字体及大小，在画面中输入文字“Color”，如图 3-27 所示。此时，图像文件自动创建了新的文字图层。

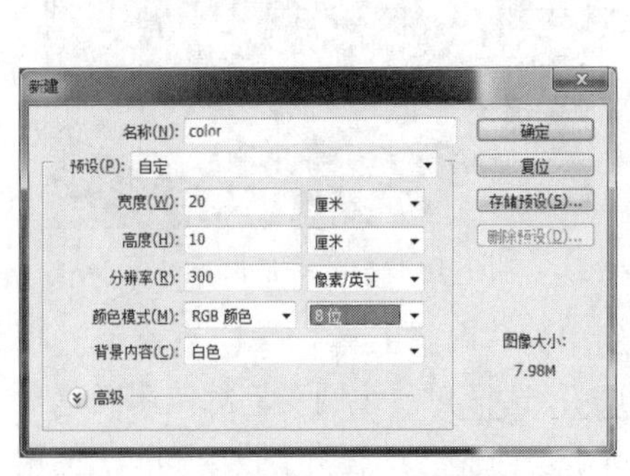

图 3-26 创建空白文档

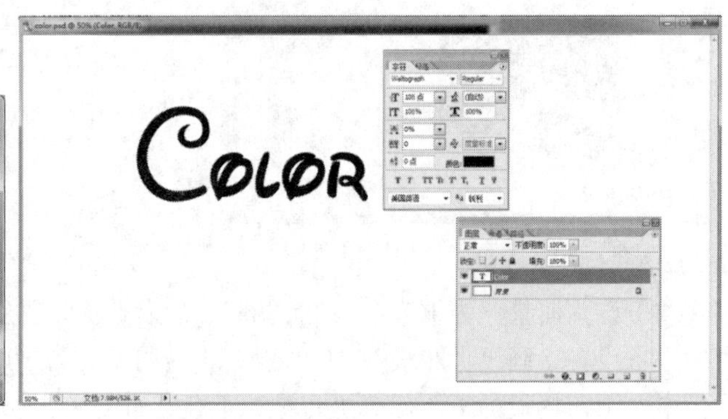

图 3-27 创建文字图层

（3）双击文字图层，弹出“图层样式”对话框，添加“投影效果”，设置投影颜色为深蓝色。依此类推，分别添加“渐变叠加”、“内阴影”、“内发光”、“斜面与浮雕”等效果。其中，“投影效果”和“渐变叠加”的参数设置如图 3-28 所示。其他效果的参数自行设置。

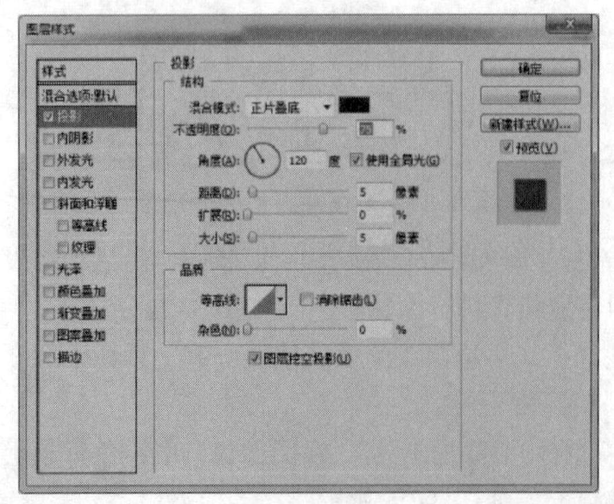

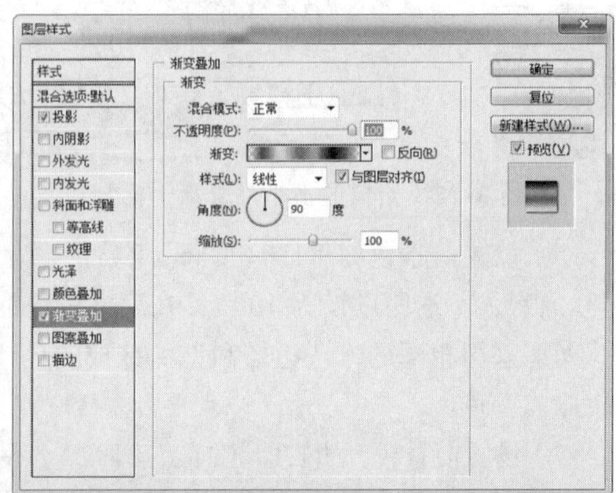

图 3-28 “投影”和“渐变”效果的参数设置

（4）选择“移动工具”，按住【Alt】键向右下方移动鼠标，复制文字，此时自动产生了“Color 副本”图层。双击该图层，修改图层中的文字字体为 WCRhesusABta（此字体需要自行从互联网下载），文字会显示成墨点，如图 3-29 所示。

图 3-29　复制文字并改变字体

（5）选择“背景”图层，使用渐变工具设置背景的渐变效果。最终效果如图 3-30 所示。

图 3-30　图层应用效果

5. 制作证件照

（1）启动 Photoshop，选择“文件”→“打开”，打开实验素材文件。

（2）选择工具箱中的“裁剪工具”，在其选项栏的下拉列表中选择“大小和分辨率”命令（见图 3-31），设置宽度：2.5 厘米、高度：3.5 厘米，分辨率：300 像素/英寸（注意单位的选择）。拖动照片上出现的裁剪框，确定合适位置后在裁剪区域内双击确认，此时照片已被按照 1 寸照片规格完成了裁剪。

（3）选择“图像”→“画布大小”命令，在弹出的对话框中设置宽度、高度和画布扩展颜色（见图 3-32），单击“确定”按钮。此时效果如图 3-33 所示，在 1 寸照片四周加了白边。

（4）按【Ctrl+A】组合键全选图像，选择“编辑”→“描边”命令，在“描边”对话框中设置宽度为 1 像素，颜色为蓝色，“位置”选择“内部”，如图 3-34 所示，单击“确定”。按快捷键【Ctrl+D】取消选区，完成剪切线的添加。

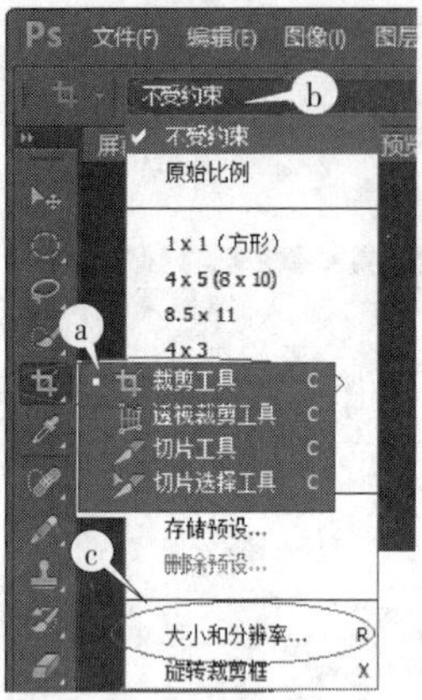

图 3-31　裁剪工具

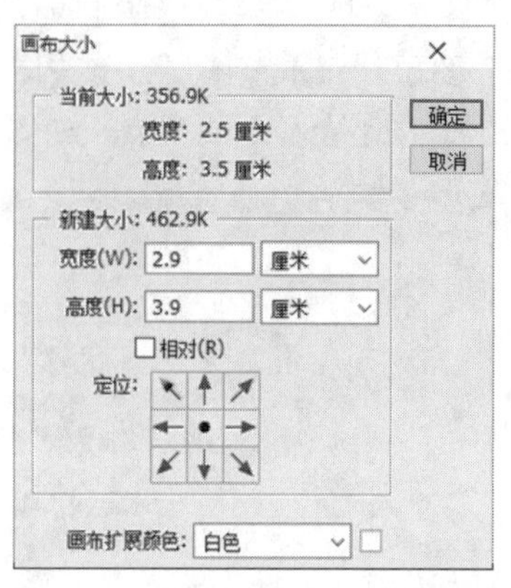

图 3-32　“画布大小”对话框

图 3-33　1 寸照片四周加白边

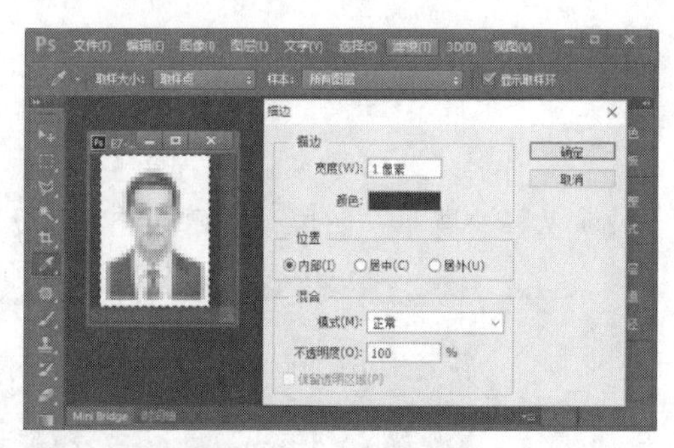

图 3-34　描边（添加剪切线）操作

（5）选择“编辑”→“定义图案”，弹出名称默认为“E7-2-man.jpg”的对话框，单击“确定”按钮，将带有白边的 1 寸照片定义为图案备用。

（6）选择“文件”→“新建”命令，创建一个名称为“八张一寸照片”的空白图像文档，其参数设置如图 3-35 所示。

（7）选择“编辑”→“填充”命令，在对话框中将“内容”栏的“使用”选为“图案”，并在“自定图案”中选中在第（5）步中定义好的带有白边的一寸照片“E7-2-man.jpg”图案，如图 3-36 所示。单击“确定”按钮，填充效果如图 3-37 所示（八张照片之间的蓝色分隔线即为第（4）步中添加的剪切线）。

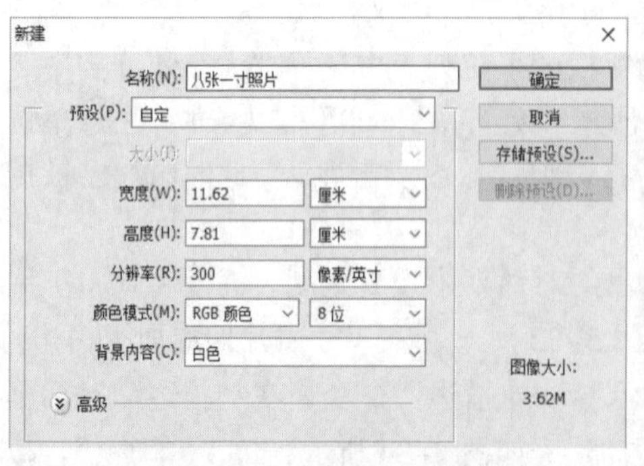

图 3-35　“新建”对话框

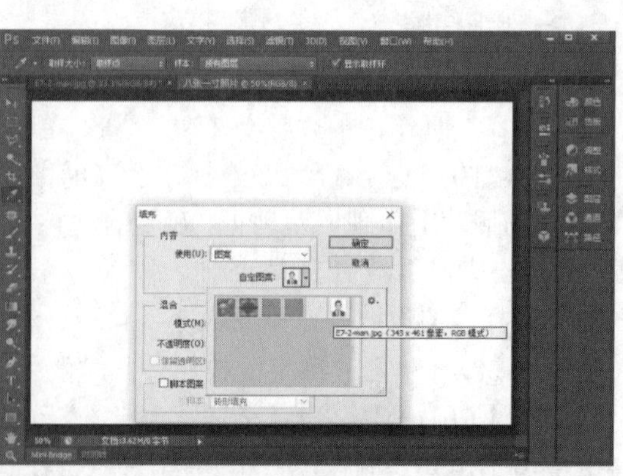

图 3-36　“填充”对话框

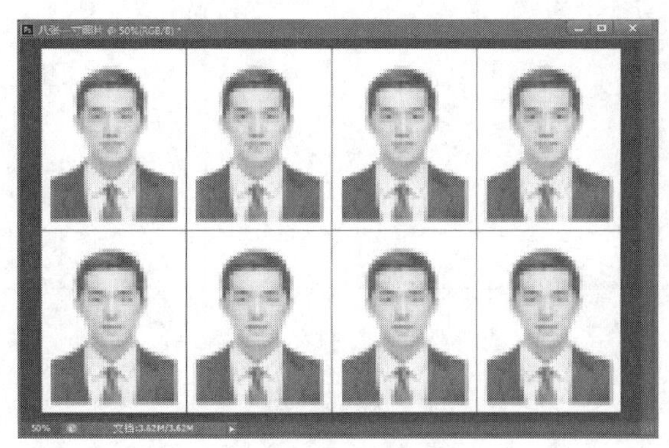

图 3-37　填充后的效果

（8）选择“图像”→“画布大小”命令，在弹出的对话框中按图 3-38 再次设置宽度、高度和画布扩展颜色，将图像扩展为 5 寸照片大小。单击“确定”按钮，照片排版最终效果如图 3-39 所示。

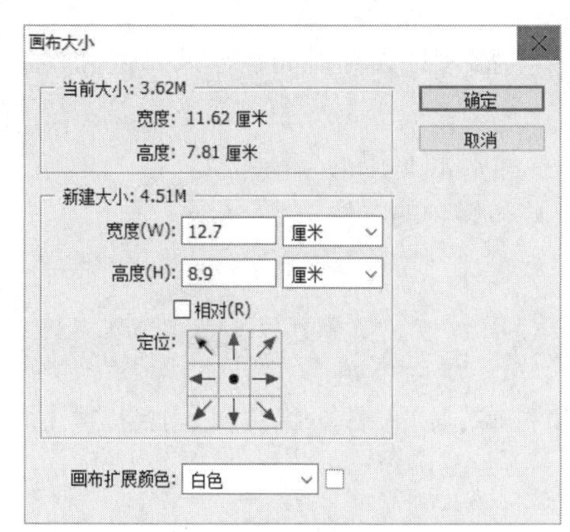

图 3-38　“画布大小”对话框

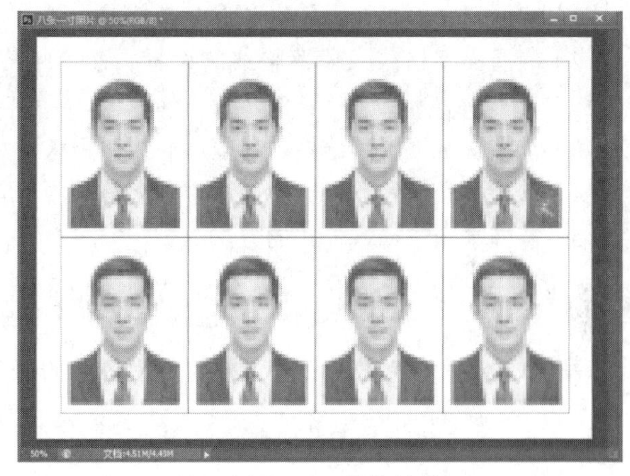

图 3-39　最终效果

操 作 练 习

请对自己的照片进行修饰。

第4章

Word 2013

实训1 Word 2013基本操作

实 训 目 的

（1）掌握建立、打开、编辑和保存文档的方法。

（2）掌握文字格式及段落格式的设置，查找和替换、插入日期和时间、插入脚注和尾注的方法。

（3）掌握首字下沉和分栏、边框和底纹、插入页眉、页脚和页码的方法。

（4）掌握页面设置、拼音指南、带圈字符、项目符号和编号的方法。

（5）掌握水印、插入公式的方法。

实 训 内 容

【案例 4-1】文字格式及段落格式的设置、查找和替换、插入日期和时间、插入脚注和尾注。

要求：

（1）新建一个Word文档，输入文字内容，文字内容如样张，并将其保存。

（2）打开建立的文档，设置正文字体格式为楷体、小四、段落格式设置为两端对齐、段前、段后间距为0.5 cm，悬挂缩进两个字符，行距为固定值24。

（3）将正文中的"无线"设置成红色、加着重号、突出显示（鲜绿）。

（4）在文档最后分别输入文字"制作人：张三"及日期，日期自动更新，格式如样张，段落格式设置为右对齐。

（5）在文档的结尾处插入尾注"本段文字摘自《蓝牙技术名字的由来》。"，样张如图4-1所示。

具体步骤：

（1）启动Word 2013新建文档，输入文字内容并保存文档。

① 选择"开始"→"所有程序"→"Microsoft Office 2013"→"Word 2013"命令，打开Word应用程序，系统自动创建一个Word文档，文档的默认文件名为"文档1"。

② 在文档中输入文字内容，如图4-1所示。

③ 单击"保存"按钮，将文档以"案例4-1"为文件名保存。

"蓝牙"(Bluetooth)原是10世纪统一了丹麦的国王的名字,现取其"统一"的含义,用来命名意在统一无线局域网通信标准的蓝牙技术。

蓝牙技术是是爱立信、IBM等5家公司在1998年联合推出的一项无线网络技术。随后成立的蓝牙技术特殊兴趣组织(SIG)来负责该技术的开发和技术协议的制定,如今全世界已有1800多家公加盟该组织,最近微软公司也正式加盟并成为SIG组织的领导成员之一。

蓝牙的名字来源于10世纪丹麦国王Harald Blatand——英译为Harold Bluetooth。在行业协会筹备阶段,需要一个极具有表现力的名字来命名这项高新技术。行业组织人员,在经过一夜关于欧洲历史和未来无线技术发展的讨论后,有些人认为用Blatand国王的名字命名再合适不过了。Blatand国王将现在的挪威、瑞典和丹麦统一起来;就如同这项即将面世的技术,技术将被定义为允许不同工业领域之间的协调工作,例如计算机、手机和汽车行业之间的工作。名字于是这么定下来了。

由于蓝牙采用无线接口来代替有线电缆连接,具有很强的移植性,并且适用于多种场合,加上该技术功耗低、对人体危害小,而且应用简单、容易实现,所以易于推广。

制作人:张三

2018年4月3日星期二

1

1本段文字摘自《蓝牙技术名字的由来》。

图4-1 案例4-1样张

(2)设置文字内容的字体格式和段落格式。

① 按【Ctrl+A】组合键选中全文,单击"开始"选项卡→"字体"组→"字体"下拉按钮,在展开的列表中选择"楷体";单击"字号"下拉按钮,在展开的列表中选择"小四"。

② 单击"段落"组右下角的对话框启动器按钮,弹出"段落"对话框,在"对齐方式"下拉列表中选择"两端对齐",分别在"段前"、"段后"间距列表框中输入"0.5 厘米",在"特殊格式"下拉列表中选择"悬挂缩进",在"缩进值"列表框输入"2 字符",在"行距"下拉列表中选择"固定值",修改"设置值"为"24磅。

(3)使用替换功能设置文字格式。

① 单击"开始"选项卡→"字体"组→"以不同颜色突出显示文本"下拉按钮,在展开的列表中选择"鲜绿",设置如图4-2所示。

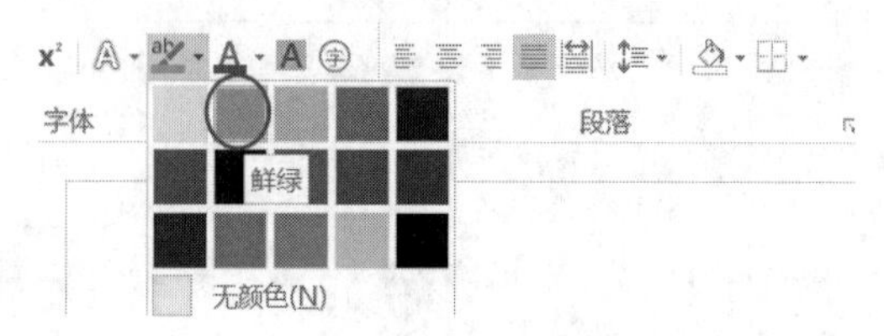

图 4-2　文字格式设置

② 将光标定位到文档开始，单击“开始”选项卡→“编辑”组→“替换”按钮，弹出“查找和替换”对话框，单击“更多”按钮展开对话框，在“搜索”下拉列表框中选择“向下”；参照图 4-3 设置查找和替换格式：在“查找内容”文本框中输入文本“无线”，在“替换为”文本框中输入文本“无线”，单击“格式”按钮（注意此时光标停在“替换为”文本框中），在展开的列表中选择“字体”选项，弹出“替换字体”对话框，单击“字体颜色”下拉按钮，选择“标准色”→“红色”；单击“着重号”下拉按钮，选择“·”，单击“确定”按钮返回“查找和替换”对话框。再次单击“格式”按钮（注意此时光标停在“替换为”列表框中），在展开的列表中选“突出显示”选项，单击“全部替换”按钮完成替换。

图 4-3　“替换”选项卡

（4）输入制表人，插入日期和时间并设置段落格式。

将插入点移至文档最后，按【Enter】键生成新的段落，输入文字“制作人：张三”；再按【Enter】键生成新的段落，单击“插入”选项卡→“文本”组→“日期和时间”按钮，弹出“日期和时间”对话框，按图 4-4 所示选择“可用格式”，选中“自动更新”复选框，单击“确定”按钮；选中最后两段，单击“开始”选项卡→“段落”组右下角的对话框启动器按钮，弹出“段落”对话框，在“对齐方式”下拉列表中选择“右对齐”，单击“确定”按钮。

（5）插入尾注。单击“引用”选项卡→“脚注”组右下角的对话框启动器按钮，弹出“脚注和尾注”对话框，选中“尾注”单选按钮，单击“编号格式”下拉按钮，如图 4-5 所示，选择格式“1，2，3…，”，单击“插入”按钮，在文档结尾尾注处输入“本段文字摘自《蓝牙技术名字的由来》。”

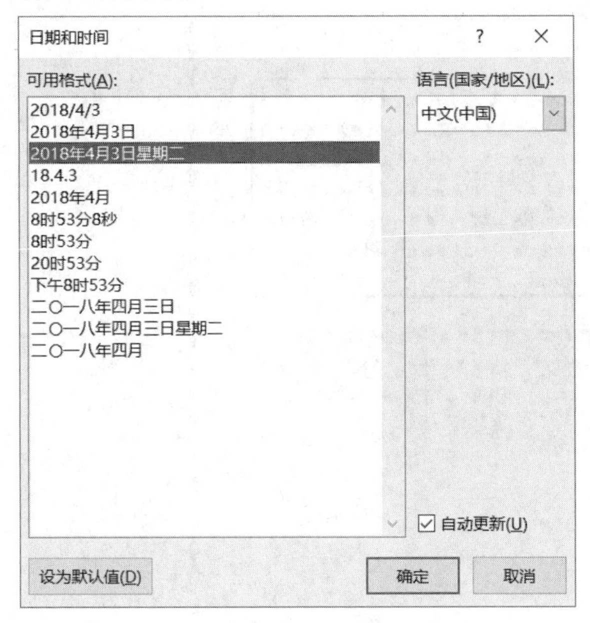

图 4-4　“日期和时间”对话框

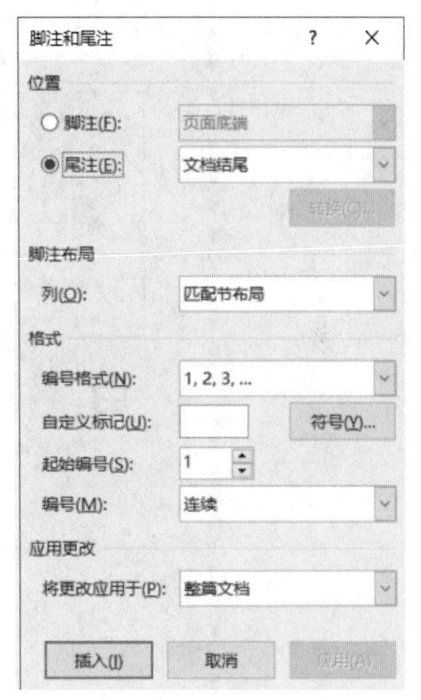

图 4-5　脚注和尾注”对话框

【案例 4-2】首字下沉和分栏、边框和底纹、插入页眉、页脚、页码。

要求：

（1）设置最后一段距离正文 1 cm、首字下沉 2 行并作偏右分栏，加分隔线。

（2）将第 2 段段首的“蓝牙技术”四字加上点横线、蓝色、1 磅方框和样式为 12.5%，颜色为浅蓝的图案底纹。

（3）将正文第 3 段添加阴影、红色、1.5 磅边框；添加宽度为 20 磅的页面边框。

（4）按照样张添加页眉，内容为“蓝牙技术名字的由来”，居中对齐；在页脚插入页码，格式为“马赛克 1”。样张如图 4-6 所示。

具体步骤：

（1）按照样张将文字进行输入，并将文档以“案例 4-2”为文件名保存。

（2）设置分栏和首字下沉。

① 分栏：先选定最后一段文字，单击“页面布局”选项卡→“页面设置”组→“分栏”下拉按钮，在展开的列表中选择“更多分栏”，弹出“分栏”对话框，如图 4-7 所示，在“预设”区域选择“偏右”，选中“分隔线”复选框，单击“确定”按钮。

② 首字下沉。单击“插入”选项卡→“文本”组→“首字下沉”下拉按钮，在展开的列表中选择“首字下沉”选项，弹出图 4-8 所示的“首字下沉”对话框，选择“下沉”，设置下沉行数为“2”，距正文为“1 厘米”，单击“确定”按钮。

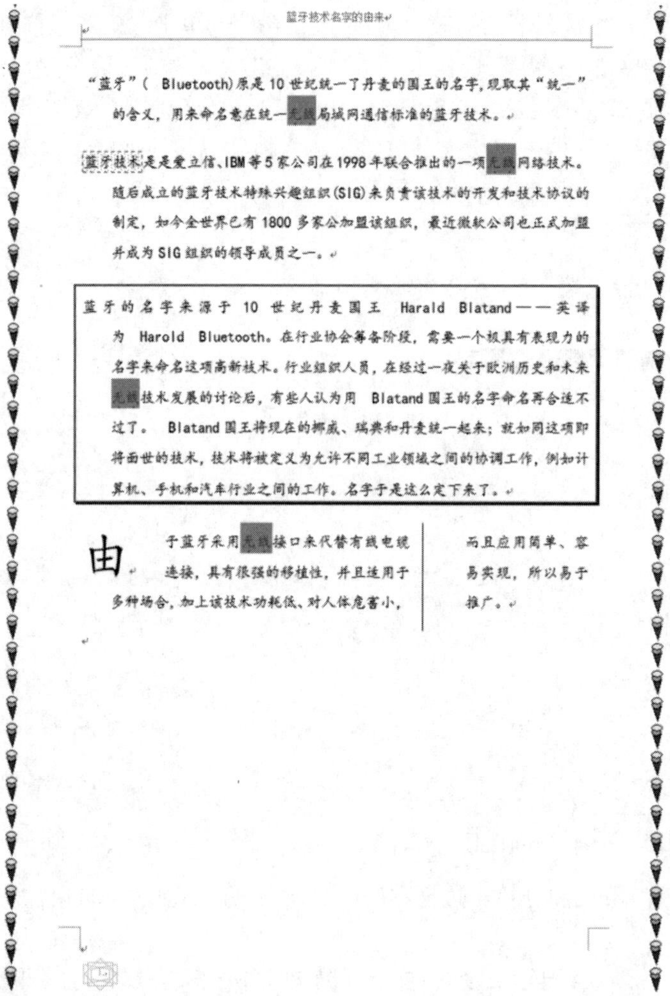
蓝牙技术名字的由来

"蓝牙"（ Bluetooth)原是10世纪统一了丹麦的国王的名字，现取其"统一"的含义，用来命名意在统一无线局域网通信标准的蓝牙技术。

蓝牙技术是是爱立信、IBM等5家公司在1998年联合推出的一项无线网络技术。随后成立的蓝牙技术特殊兴趣组织(SIG)来负责该技术的开发和技术协议的制定，如今全世界已有1800多家公加盟该组织，最近微软公司也正式加盟并成为SIG组织的领导成员之一。

蓝牙的名字来源于10世纪丹麦国王 Harald Blatand——英译为 Harold Bluetooth。在行业协会筹备阶段，需要一个极具有表现力的名字来命名这项高新技术。行业组织人员，在经过一夜关于欧洲历史和未来无线技术发展的讨论后，有些人认为用 Blatand国王的名字命名再合适不过了。 Blatand国王将现在的挪威、瑞典和丹麦统一起来；就如同这项即将面世的技术，技术将被定义为允许不同工业领域之间的协调工作，例如计算机、手机和汽车行业之间的工作。名字于是这么定下来了。

由于蓝牙采用无线接口来代替有线电缆连接，具有很强的移植性，并且适用于多种场合，加上该技术功耗低、对人体危害小，而且应用简单、容易实现，所以易于推广。

图 4-6　案例 4-2 样张

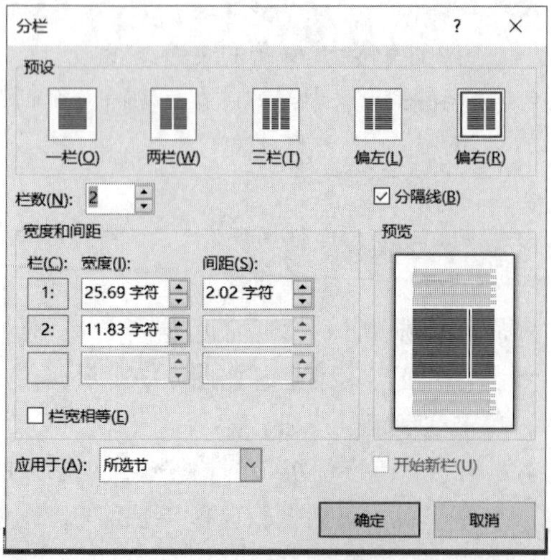

图 4-7　“分栏”对话框

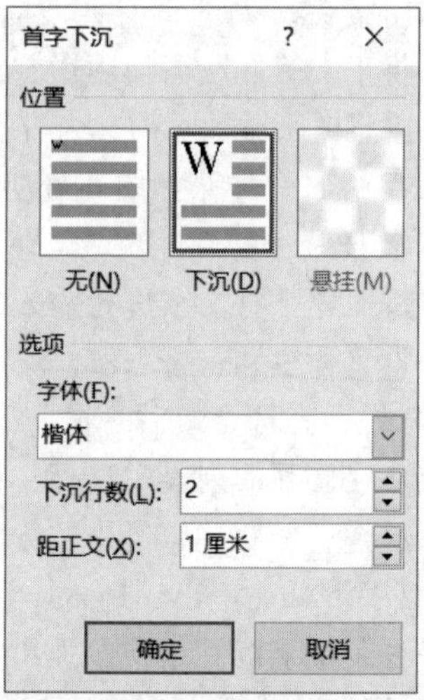

图 4-8　“首字下沉”对话框

（3）设置文字的边框和底纹。选中第 2 段段首的“蓝牙技术”文字，单击“设计”选项卡→“页面背景”组→“页面边框”按钮，弹出“边框和底纹”对话框；选择“边框”选项卡，如图 4–9 所示，进行边框设置，选择“方框”，设置样式为“点横线”、颜色为“蓝色”、宽度为“1 磅”，应用于“文字”；选择“底纹”选项卡，如图 4–10 所示，进行底纹设置，设置“图案”的“样式”为“12.5%”，颜色为“浅蓝”，应用于“文字”，单击“确定”按钮。

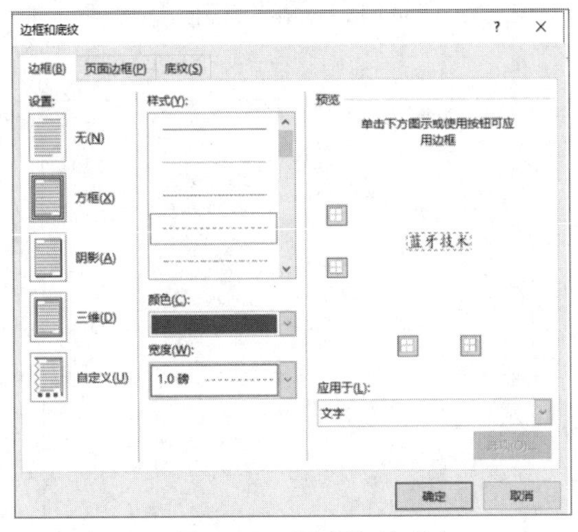

图 4–9　“边框”选项卡

边框和底纹
边框(B)　页面边框(P)　底纹(S)
填充
无颜色
图案
样式(Y): 12.5%
颜色(C):
预览
微软卓越 AaB
应用于(L):
文字
确定　取消

图 4–10　“底纹”选项卡

（4）设置段落的边框。

① 选中第 3 段，单击“设计”选项卡→“页面背景”组→“页面边框”按钮，弹出“边框和底纹”对话框，选择“边框”选项卡，如图 4–11 所示，进行边框设置，选择“阴影”，设置“颜色”为“红色”，“宽度”为“1.5 磅”，应用于“段落”，单击“确定”按钮。

② 单击“设计”选项卡→“页面背景”组→“页面边框”按钮，弹出“边框和底纹”对话框，选择“边框和底纹”选项卡，如图 4–12 所示，进行设置，选择“自定义”，设置“艺术型”，“宽度”为“20 磅”，在右侧预览图的上、下边框位置分别单击去除上、下边框线，应用于“整篇文档”，单击“确定”按钮。

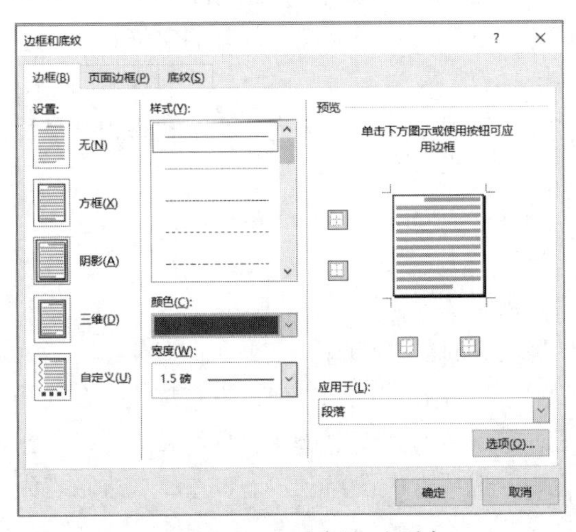

图 4–11　“边框”选项卡

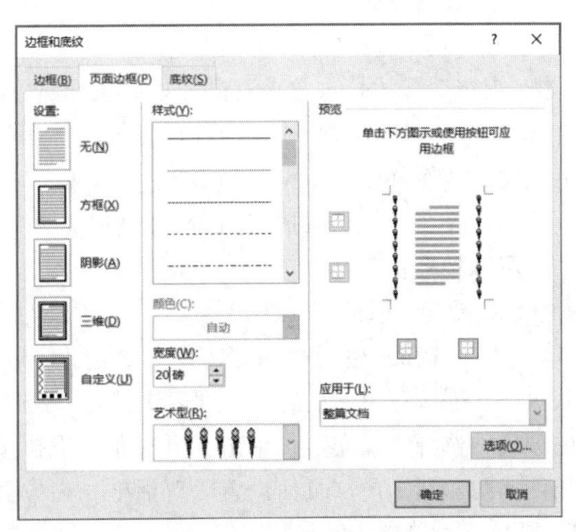

图 4–12　“页面边框”选项卡

（5）设置页眉和页脚。单击“插入”选项卡→“页眉和页脚”组→“页眉”下拉按钮，在展开的列表中选择“编辑页眉”，切换到页眉编辑界面，在页眉区输入文字“蓝牙技术名字的由来”。单击“开始”选项卡→“段落”组→“居中”按钮，使文本居中对齐；单击“页眉和页脚工具-设计”选项卡→“导航”组→“转至页脚”按钮，切换到页脚编辑界面，单击“页眉和页脚工具→设计”选项卡→“页眉和页脚”组→“页码”下拉按钮，选择“页面底端”，将鼠标移动到右侧的列表区，选择“马赛克 1”，单击“关闭页眉和页脚”按钮结束编辑，如图 4-13 所示。

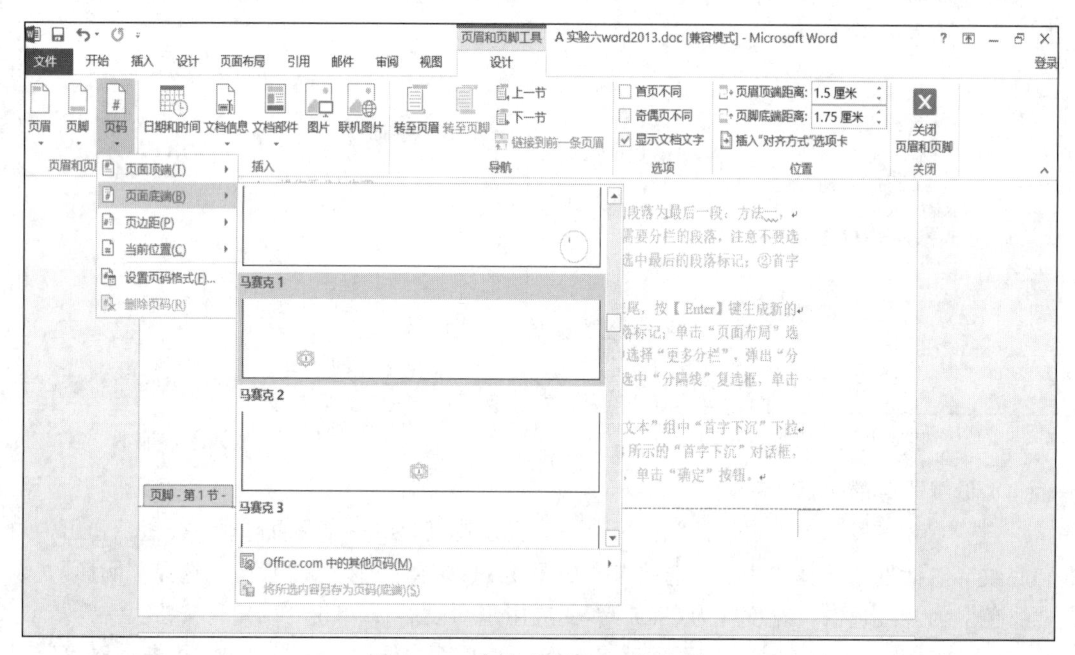

图 4-13 选择“马赛克 1”选项

【案例 4-3】拼音指南，带圈字符，页面设置，项目符号和编号。

要求：

（1）设置纸张大小为 B5，纸张方向为横向，上、下、左、右边距均为 2 cm。

（2）设置首行居中作为文章标题，为“企业防毒”文字添加增大圈号的带圈字符，为文字“等到火烧房子才打水救火”添加拼音指南，字号为 8。

（3）设置项目符号格式为红色、加粗、四号，调整项目符号文本缩进 1.5 cm；将正文最后五段文字按照样张所示设置的编号。

（4）设置文档的保护密码为“1234”。样张如图 4-14 所示。

具体步骤：

（1）新建一个 Word 2013 文档，并将文档以“案例 4-3”为文件名保存。

（2）设置纸张大小、纸张方向和页边距。单击“页面布局”选项卡→“页面设置”组→“纸张大小”下拉按钮，在展开的列表中选择“B5（J1S）”、单击“纸张方向”下拉按钮，在展开的列表中选择“横向”；单击“页边距”下拉按钮，在展开的列表中选择“自定义边距”，弹出图 4-15 所示的“页面设置”对话框，在“页边距”选项卡中设置上、下、左、右边距均为“2 厘米”，单击“确定”按钮。

企业防毒不能“等到火烧房子才打水救火”

趋势 EPS 系统一扼杀病毒于摇篮中

如果你是位企业网管，你一定希望有一种杀毒软件，可以提前预知病毒的到来，并将其杀死，那么你就不会因电脑被病毒感染而弄得焦头烂。近日，网络防毒及安全专家趋势科技在全球同步推出的企业防护战略 EPS 就可以办到。
EPS 的新型毒策略全面通过中央控管系统在线更病毒码，无论是各个节点的防毒软件，皆可以实时对抗与全世界联机的病毒。

防范于未然

如今，企业的 PC 都是联网的，只要有一台 PC 感染了病毒，整个网络就会瘫痪。而采用 EPS 的 PC 有预防大量病毒扩散处理策略，它可以在病毒来犯前就嗅到病毒的火药味，并将其扼杀在摇篮中。因为，趋势科技在全球 400 个地方设置了 5000 个电子匿名邮箱，一旦邮箱“中毒”，病毒码会被传送至技术中心加以分析，并会立即获得策略部署配置，及时防范于未然。

自动调整防护策略

EPS 不仅可以防范病毒、预防大量病毒扩散，同时还可以依据病毒的威胁特性，自动调整防护策略。

目前常见的查毒软件有：

(1) 腾讯电脑管家
(2) 360 杀毒软件
(3) 金山毒霸
(4) 卡巴斯基
(5) 瑞星

图 4-14　案例 4-3 样张

（3）设置文字字体样式和拼音。

① 将光标移至首行，单击“开始”选项卡→“段落”组→“居中”按钮，使其居中显示；选中文字“企”，单击“开始”选项卡→“字体”组→“带圈字符”按钮，弹出图 4-16 所示的“带圈字符”对话框，选中样式为“增大圈号”，圈号为“o”，单击“确定”按钮；按照上述步骤分别设置“业”“防”“毒”的带圈字符。

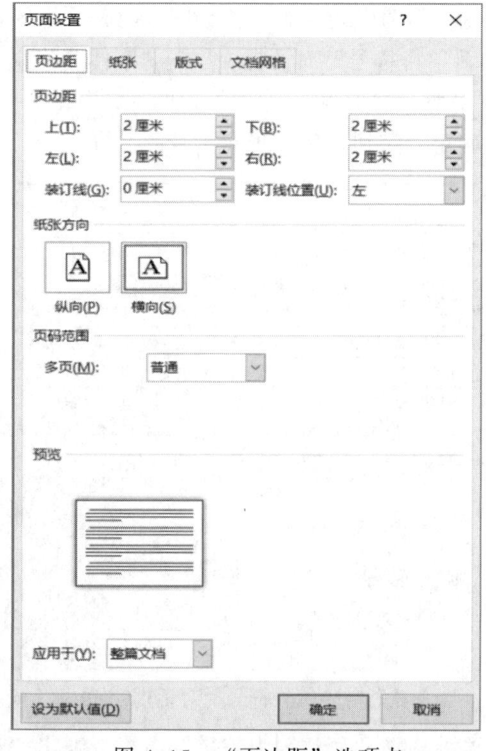

图 4-15　“页边距”选项卡

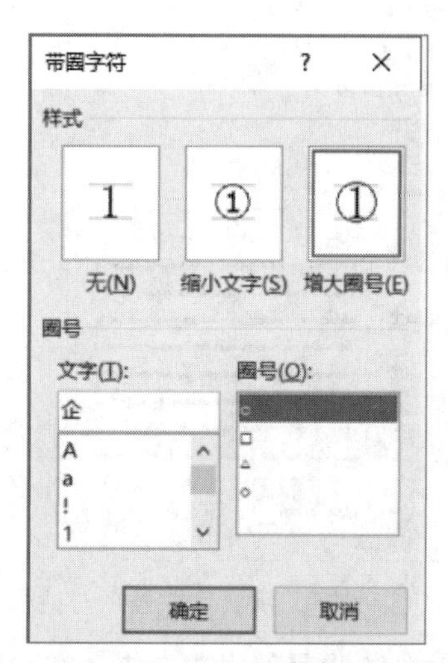

图 4-16　“带圈字符”对话框

② 选中文字“等到火烧房子才打水救火”，单击“开始”选项卡→“字体”组→“拼音指南”按钮，弹出图 4-17 所示的“拼音指南”对话框，设置“字号”为 8，单击“确定”按钮。

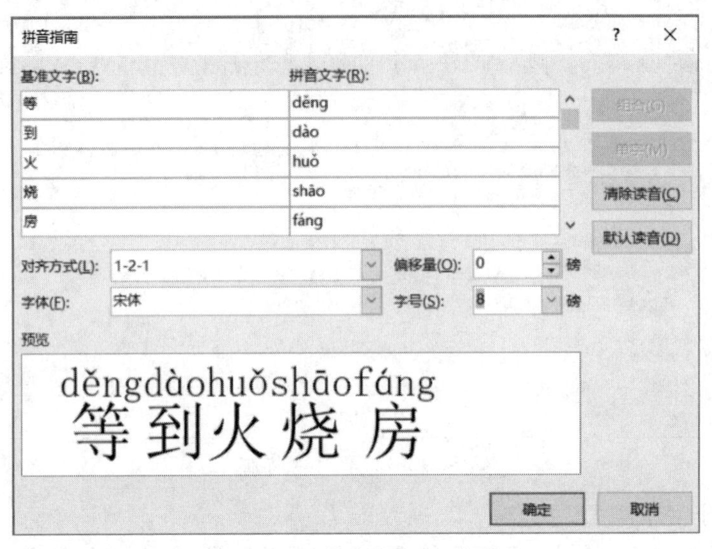

图 4-17　“拼音指南”对话框

（4）设置项目符号和项目编号。

① 按住【Ctrl】键的同时选中正文第 1、4、6、8 段，单击“开始”选项卡→“段落”组→“项目符号”下拉按钮，在展开的列表中选择“定义新项目符号”，弹出图 4-18 所示的“定义新项目符号”对话框，单击“符号”按钮，弹出“符号”对话框，找到图 4-19 所示的符号（字符代码 56），单击“确定”按钮；返回“定义新项目符号”对话框，单击“字体”按钮，弹出“字体”对话框，设置“字体颜色”为红色、“字形”为加粗、“字号”为四号，单击“确定”按钮；返回“定义新项目符号”对话框，单击“确定”按钮，完成项目符号的设置。

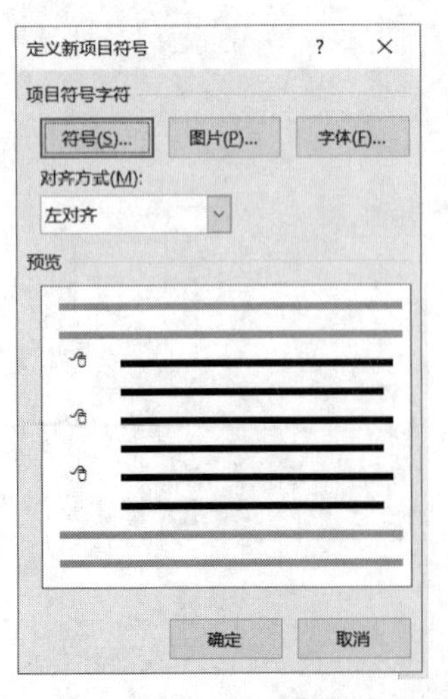

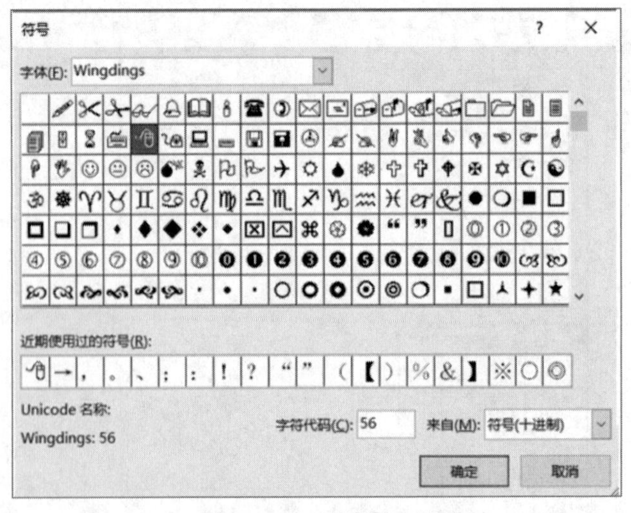

图 4-18　“定义新项目符号”对话框

图 4-19　“符号”对话框

② 选中项目符号并右击，在弹出的快捷菜单中选择“调整列表缩进”命令，弹出“调整列表缩进量”对话框，在“文本缩进”微调框中输入“1.5 厘米”，单击“确定”按钮。

③ 选中正文最后五段文字，单击“开始”选项卡→“段落”组→“编号”下拉按钮，在展开的列表中选择样张所示的文档编号格式即可。

（5）加密文档。选择“文件”→“信息”命令，单击“保护文档”下拉按钮，在展开的列表中选择“用密码进行加密”，弹出图 4–20 所示的设置对话框，输入密码“1234”，单击“确定”按钮，再次输入密码即可。

【案例 4–4】页面设置、水印、插入公式。

要求：

（1）设置纸张大小为：宽 15 cm、高 30 cm，横向上、下页边距为 3 cm，左、右页边距为 4 cm，页面填充颜色：雨后初晴。

（2）添加文字水印“公式”：幼圆、80、黄色、半透明、倾斜；

（3）输入公式，设置字体大小为初号。样张如图 4–21 所示。

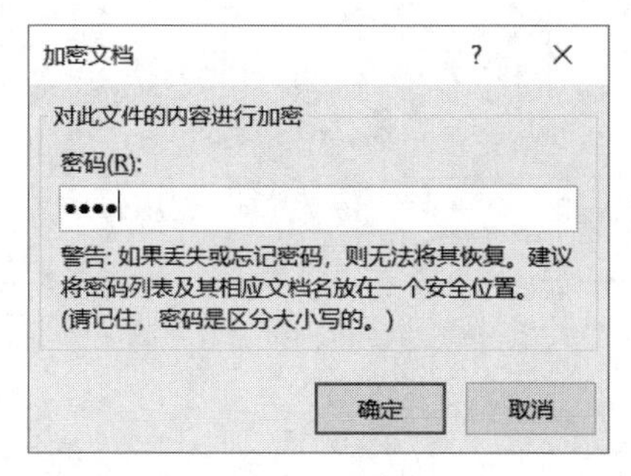

图 4–20 “加密文档”对话框

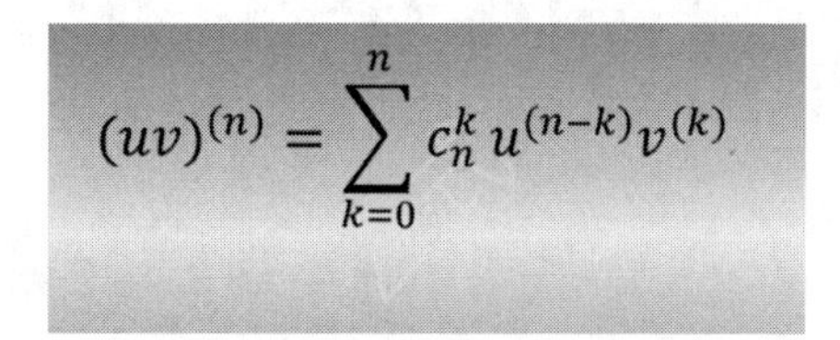

图 4–21 案例 4–4 样张

具体步骤：

（1）新建一个 Word 2013 文档，并将文档以“案例 4–4”为文件名保存。

（2）页面纸张大小、页边距、纸张方向及页面背景填充效果设置。

① 单击“页面布局”选项卡→“页面设置”组→“纸张大小”下拉按钮，在展开的列表中选择“其他页面大小”，弹出图 4–22 所示的“页面设置”对话框，修改“宽度”为“15 厘米”、“高度”为“30 厘米”。

② 选择“页边距”选项卡，如图 4–23 所示，设置上、下边距为 3 cm，左、右边距为 4 cm；在“纸张方向”区域单击“横向”按钮，单击“确定”按钮。

③ 单击“设计”选项卡→“页面背景”组→“页面颜色”下拉按钮，在展开的列表中选择“填充效果”，弹出图 4–24 所示的“填充效果”对话框，选择“颜色”区域的“预设”单选按钮，单击“预设颜色”下拉按钮，在展开的列表中选择“雨后初晴”，单击“确定”按钮完成页面设置。

（3）页面背景水印效果设置。

单击“设计”选项卡→“页面背景”组→“水印”下拉按钮，在展开的列表中选择“自定义水印”，弹出图 4–25 所示的“水印”对话框，选择“文字水印”单选按钮，在“文字”文本框中输入文字“公式”；单击“字体”下拉按钮，设置字体为“幼圆”；在“字号”文本框中输入“80”；单击“颜色”下拉按钮，在展开的列表中选择“标准色”→“黄色”，选中“半透明”复选框，单击“确定”按钮完成水印设置。

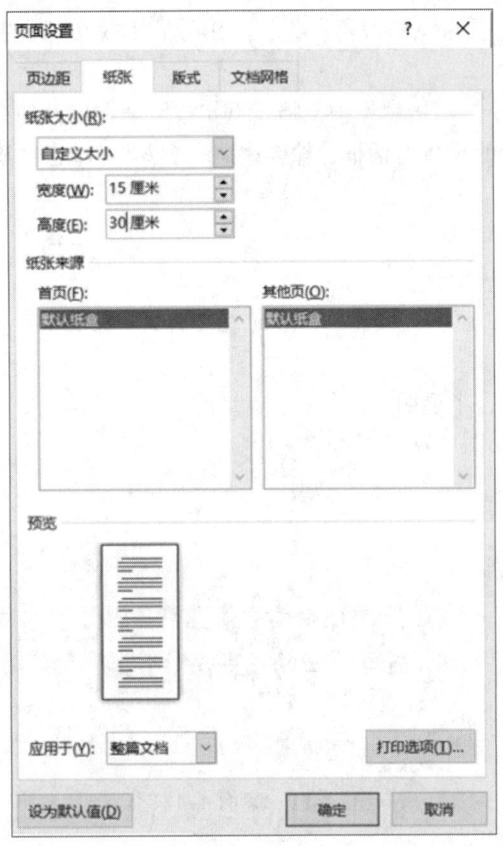

图 4-22 “页面设置”对话框

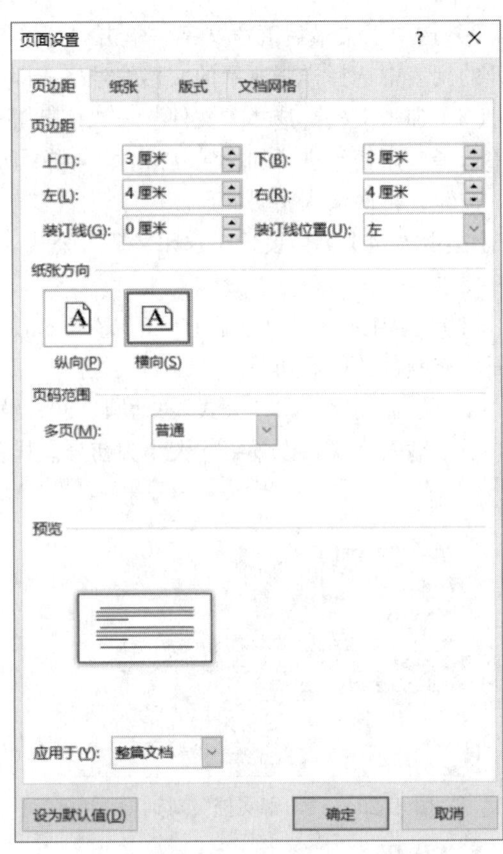

图 4-23 “页边距”选项卡

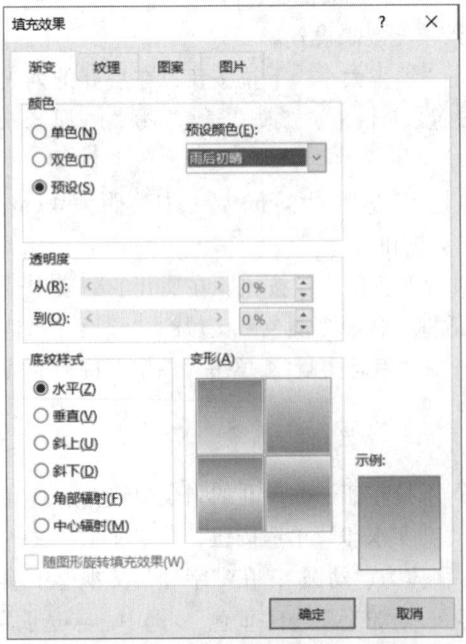

图 4-24 “填充效果”对话框

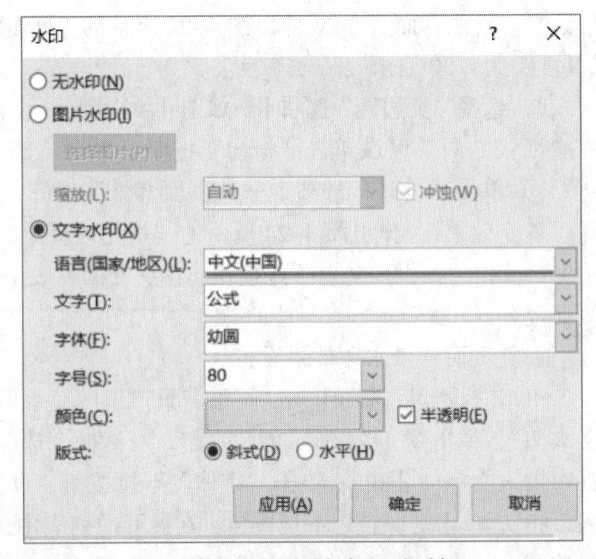

图 4-25 “水印”对话框

（4）插入公式。

① 单击“插入”选项卡→“符号”组→“公式”下拉按钮，如图 4-26 所示，在展开的列表中选择“插入新公式”，文档显示公式编辑状态。

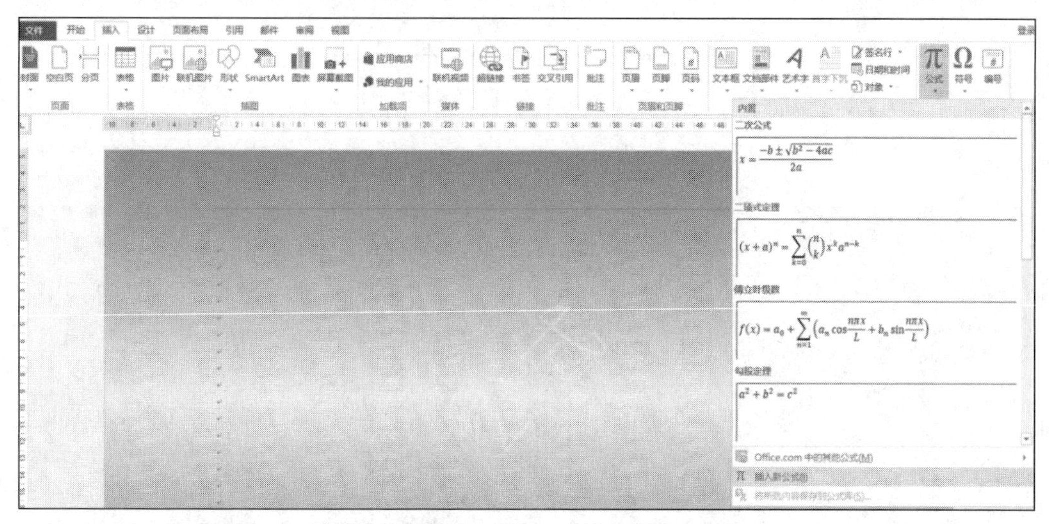

图 4-26　“公式”下拉列表

② 选中文档公式编辑区域，切换为英文输入法，如图 4-27 所示，单击“公式工具-设计”选项卡→“结构”组→“上下标”下拉按钮，在展开的列表中选择“上标和下标”→“上标”，此时公式编辑区域出现上标结构，单击选中前部方框，输入字符“(uv)”，移动光标到上标方框，输入字符“(n)”，如图 4-28 所示，通过单击或利用键盘方向键将光标移出上标区，以便输入后续公式内容。

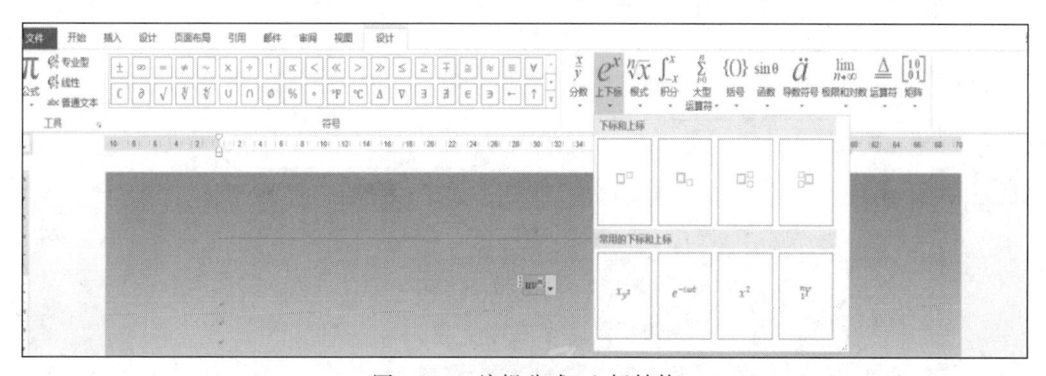

图 4-27　编辑公式-上标结构

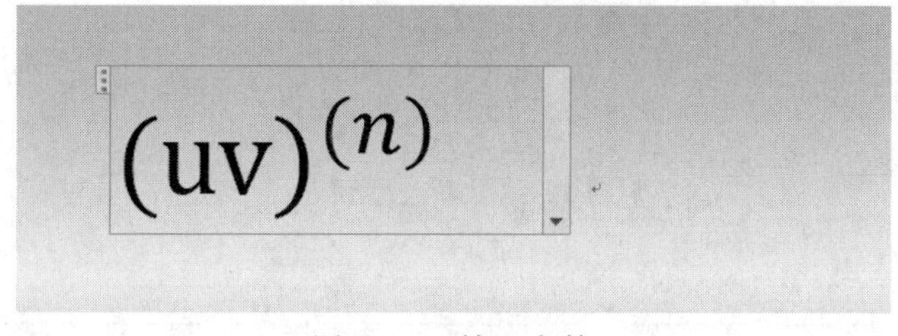

图 4-28　输入字符

③ 在光标后输入符号“=”，如图 4-29 所示，单击“公式工具-设计”选项卡→“结构”组→“大型运算符”下拉按钮，在展开的列表中选择“求和”→“求和”，此时公式编辑区域出现求和结构，在求和符号上部方框输入字符“n”，移动光标到求和符号下部方框，输入字符“k=0”。

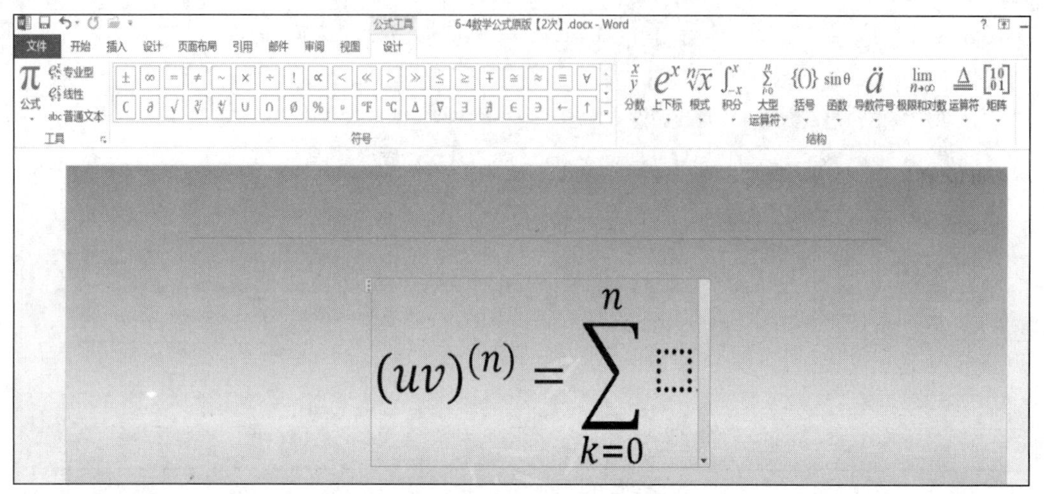

图 4-29 输入公式-求和结构

④ 如图 4-30 所示，移动光标到求和符号右端方框，单击“公式工具-设计”选项卡→“结构”组→“上下标”下拉按钮，在展开的列表中选择“上标和下标”→“下标-上标”；单击选中前部方框，输入字符“C”，移动光标到上标方框，输入字符“k”，移动光标到下标方框，输入字符“n”，如图 4-31 所示，将光标移出下标区，以便输入后续公式内容。

⑤ 依次按照题目要求输入后续公式部分，步骤类似第③和④步。

⑥ 选中公式，单击“开始”选项卡→“字体”组→“字号”下拉按钮，在展开的列表中选择“初号”即可。

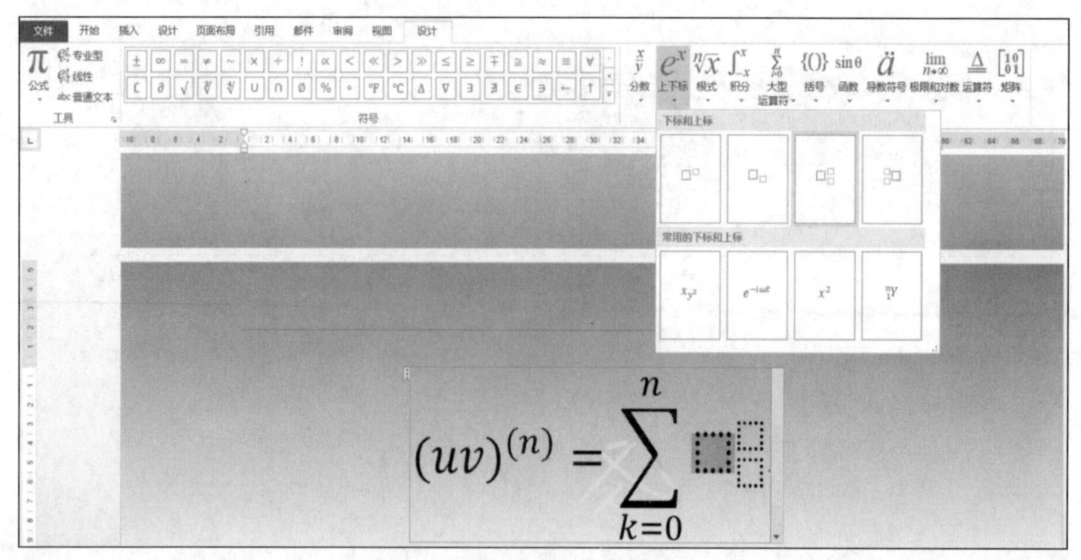

图 4-30 输入公式-上标-下标结构

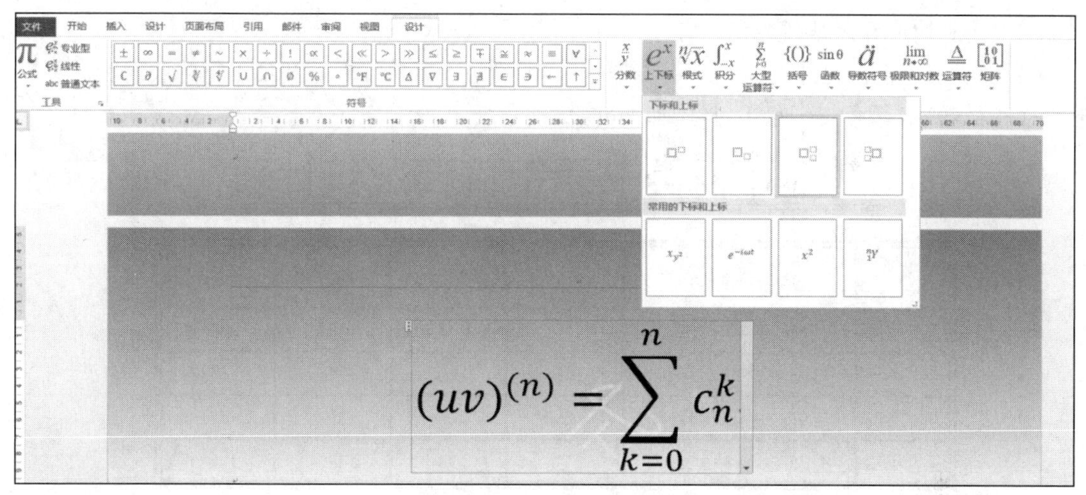

图 4-31　输入公式

操 作 练 习

新建一个文档，并进行保存；再输入文字（文字任意），输入文字之后进行文字格式及段落格式的设置、查找和替换、插入日期和时间、插入脚注和尾注；首字下沉和分栏、边框和底纹、插入页眉、页脚、页码；拼音指南，带圈字符，页面设置，项目符号和编号。

实训 2　Word 2013 表格操作

实 训 目 的

（1）掌握文本的基本编写，文档与表格转换的方法。

（2）掌握表格的格式设置，表格内容的编辑的方法。

（3）掌握表格的公式计算、排序的方法。

（4）掌握插入表格、插入边框和设置底纹的方法。

实 训 内 容

【案例 4-5】文本的基本编写，文档与表格转换，表格的格式设置，表格内容的编辑、公式计算、排序。

要求：

（1）将文本转换成 5 行 6 列表格（以逗号为分隔符）。

（2）添加标题："2018 年各类书销售情况统计表"，幼圆、二号、加粗、居中、双下画线。

（3）在平均值列的前面增加 1 列，列标题为：合计。

（4）第 1 列根据内容设为最适合列宽，其各列宽度为 2.2 厘米。

（5）第 1 行高度为 1 厘米，其余各行均为 0.75 厘米。

（6）整个表格于页面居中，表内容为水平居中。

（7）设置斜线表头，行标题为"书籍"，列标题为：季度。

（8）利用公式计算四个季度的合计和平均值（保留两位小数点）。

（9）按平均值升序排列整个表格。

（10）设置边框线（外框为 1.5 磅双线框，内框为 1.5 磅单线框）和第 1 行的底纹为图案填充（样式：20%，颜色：红色），样张如图 4-32 所示。

2018 年各类书籍销售情况统计表

书籍 季度	童话	漫画	科普	趣味数学	合计	平均值
第一季度	63	75	11	48	197	49.25
第二季度	88	101	47	20	256	64.00
第三季度	95	115	23	65	298	74.50
第四季度	120	205	57	98	480	120.00

图 4-32　案例 4-5 样张

具体步骤：

（1）新建一个 Word 2013 文档，并将文档以“案例 4-5”为文件名保存。

（2）先按样张将文字输入，再按【Ctrl+A】组合键选中全文，单击“插入”选项卡→“表格”组→“表格”下拉按钮，在展开的列表中选择“文本转换成表格”，弹出图 4-33 所示的“将文字转换成表格”对话框，设置列数、行数后单击“确定”按钮即可。

（3）在表格上方输入文本“2018 年各类书籍销售情况统计表”，选中文字并右击，在弹出的快捷菜单中选择“字体”命令，弹出图 4-34 所示的“字体”对话框，选择“字体”选项卡进行设置；单击“中文字体”下拉按钮，在展开的列表中选择“幼圆”，设置“字形”为“加粗”，在“字号”列表框中选择“二号”，在“下画线线型”下拉列表框中选择“双下画线”，单击“确定”按钮；单击“开始”选项卡→“段落”组→“居中”按钮，设置段落居中；单击表格左上角的移动控制点，移动表格到文本下方。

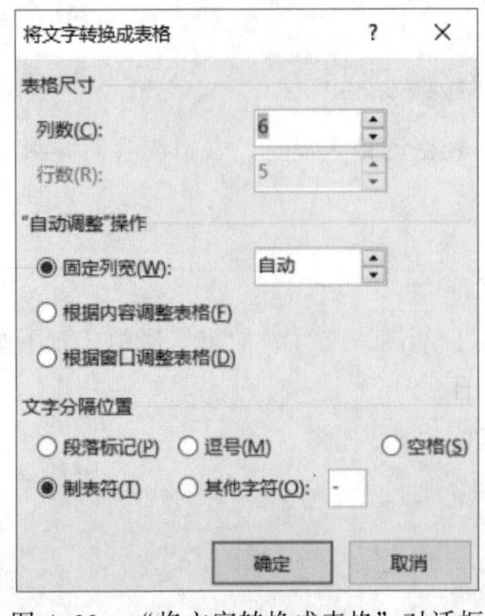

图 4-33　“将文字转换成表格”对话框

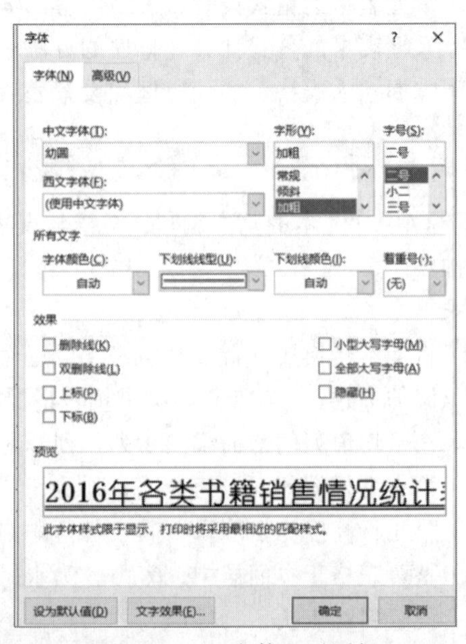

图 4-34　“字体”对话框

（4）将光标定位到“平均值”列的任意位置并右击，选择“插入”→在“左侧插入列”命令，为新列的第 1 行添加列标题“合计”。

（5）选中表格第 1 列，单击“表格工具-布局”选项卡“单元格大小”组→“自动调整”下拉按钮，在展开的列表中选择“根据内容自动调整表格”；选中表格第 2～7 列，在“表格工具-布局”选项卡→“单元格大小”组→“宽度”文本框中输入“2.2 厘米”。

（6）选中表格第 1 行，在“表格工具-布局”选项卡→“单元格大小”组→“高度”文本框中输入“1 厘米”；选中表格第 2～5 行，在“表格工具-布局”选项卡→“单元格大小”组→“高度”列表框中输入“0.75 厘米”。

（7）选中整张表格，单击“表格工具-布局”选项卡→“对齐方式”组→“水平居中”按钮；选中表格，或者单击“开始”选项卡→“段落”组→“居中”按钮。

（8）将光标移动到第 1 行第 1 列单元格，单击“表格工具-设计”选项卡→“表格样式”组→“边框”下拉按钮，在展开的列表中选择“斜下框线”；按照样张所示输入行标题“书籍”、列标题“季度”。

（9）将光标移动到至第 2 行第 6 列，单击“表格工具-布局”选项卡→“数据”组→“公式”按钮，弹出图 4-35 所示的“公式”对话框，公式为“=SUM(LEFT)”，单击“确定”按钮；复制第 2 行第 6 列的内容粘贴到“合计”列其他单元格；分别选中“合计”列的其他 3 个单元格并右击，在弹出的快捷菜单中选择“更新域”命令，如图 4-36 所示，即可（或同时选择其他 3 个单元——按【F9】键完成“更新域”的操作）。

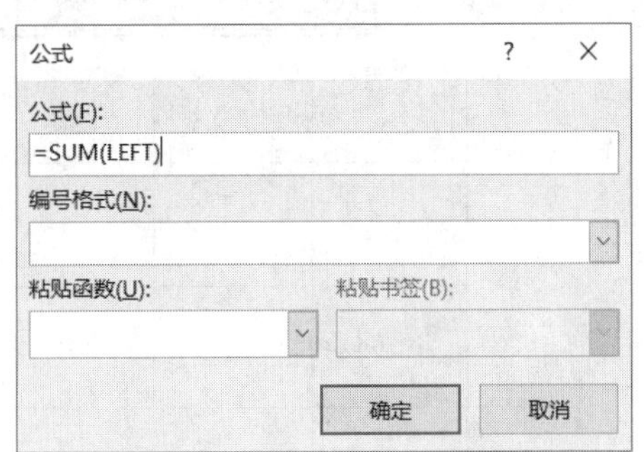

图 4-35　“公式”对话框

2016 年各类书籍销售情况统计表

书籍 / 季度	童话	漫画	科普	趣味数学
第一季度	63	75	11	48
第二季度	88	101	47	20
第三季度	95	115	23	65
第四季度	120	205	57	98

Times N　五号　A　A　样式
B　I　U
剪切(T)
复制(C)
粘贴选项:
更新域(U)
编辑域(E)...
切换域代码(T)
字体(F)...
段落(P)...
插入符号(S)

图 4-36　快捷菜单

（10）将光标移动到第 2 行第 7 列，参照上述步骤，在图 4-37 所示的“公式”对话框中输入公式“=F2/4【或 F2/4】”，单击“编号格式”下拉按钮，在展开的列表中选择“#，##0.00”，单击“确定”按钮；复制第 2 行第 7 列的内容粘粘到“平均值”列其他单元格；分别在“平均值”列其他 3 个单元格中右击，在弹出的快捷菜单中选择“切换域代码”命令，如图 4-38 所示的界面依次修改单元格中的公式，按【Al+F9】组合键退出域代码编辑界面。分别选中“合计”列的其他 3 个单元格并右击，在弹出的快捷菜单中选择“更新域”命令即可。

公式
公式(F):
=f2/4
编号格式(N):
#,##0.00
粘贴函数(U):
粘贴书签(B):
确定
取消

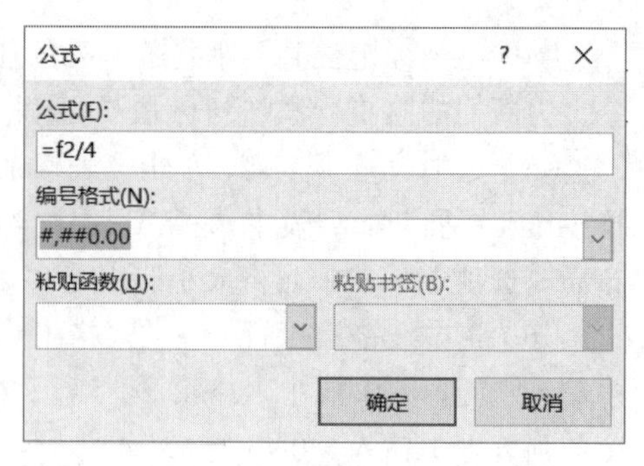

图 4-37 “求平均值公式”对话框

（11）将光标移动到表格的任意位置，单击“表格工具-布局”选项卡→“数据”组→“排序”按钮，弹出图 4-39 所示的“排序”对话框，在“主要关键字”下拉列表中选择“平均值”，类型为“数字”，选中“升序”单选按钮，单击“确定”按钮。

2018 年各类书籍销售情况统计表

书籍 季度	童话	漫画	科普	趣味数学	合计	平均值
第一季度	63	75	11	48	{ =SUM(LEFT) }	{ =f2/4 \# "#,##0.00" }
第二季度	88	101	47	20	{ =SUM(LEFT) }	{ =f3/4 \# "#,##0.00" }
第三季度	95	115	23	65	{ =SUM(LEFT) }	{ =f4/4 \# "#,##0.00" }
第四季度	120	205	57	98	{ =SUM(LEFT) }	{ =f5/4 \# "#,##0.00" }

图 4-38 修改“域代码”界面

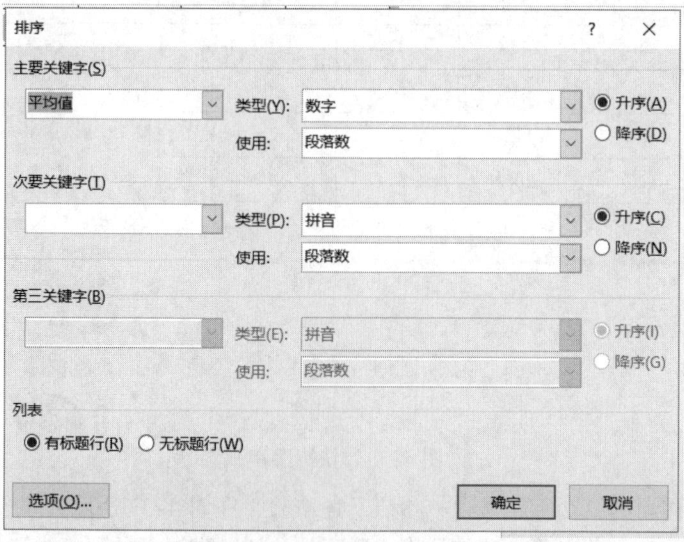

排序
主要关键字(S)
平均值
类型(Y): 数字
使用: 段落数
升序(A)
降序(D)
次要关键字(T)
类型(P): 拼音
使用: 段落数
升序(C)
降序(N)
第三关键字(B)
类型(E): 拼音
使用: 段落数
升序(I)
降序(G)
列表
有标题行(R)
无标题行(W)
选项(O)...
确定
取消

图 4-39 “排序”对话框

（12）选中表格，单击“表格工具-设计”选项卡→“表格样式”组→“边框”下拉按钮，在展开的列表中选择“边框和底纹”，弹出图 4-40 所示的“边框和底纹”对话框，在“边框”选项卡中选择“自定义”，外框线设置样式为双线，宽度为“1.5 磅”，在预览区分别单击上、下、左、右外框线应用以上设置；内框线设置样式为单线，宽度为“1.5 磅”，在预览区分别单击内框线应用以上设置，单击“确定”按钮完成设置。

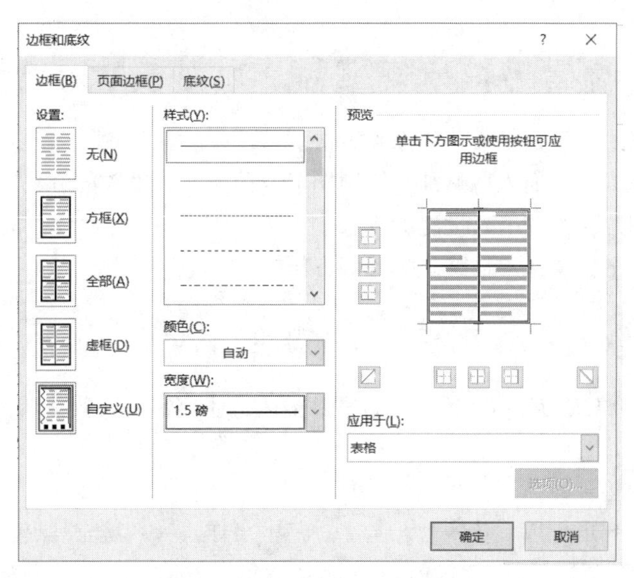

图 4-40 “边框”选项卡

（13）选中第 1 行，单击“表格工具-设计”选项卡→“表格样式”组→“边框”下拉按钮，在展开的列表中选择“边框和底纹”，弹出图 4-41 所示的对话框，在“底纹”选项卡中，单击“样式”下拉按钮，在展开的列表中选择“20%”。单击“颜色”下拉按钮，在展开的列表中选择“标准色”→“红色”，单击“确定”按钮完成设置。

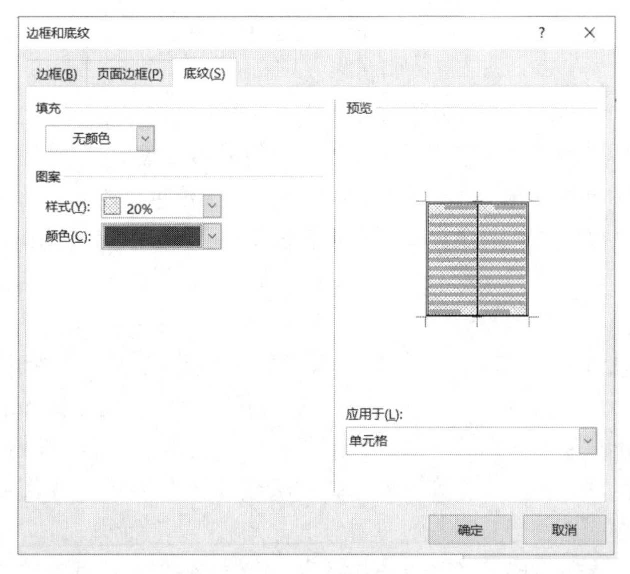

图 4-41 “底纹”选项卡

操 作 练 习

新建一个文档命名为“课堂表”，并进行保存；再在“课堂表”文档内创建一个课堂表。

实训3　Word 2013 文档的排版

实 训 目 的

（1）掌握文字格式的设置及段落的设置方法。

（2）掌握插入艺术字、插入剪贴画、绘制图形及图形格式设置的方法。

（3）掌握插入图片及图片格式设置的方法。

（4）掌握插入文本框及文本框格式设置的方法。

实 训 内 容

【案例 4-6】文字格式的设置，段落的设置，插入艺术字，插入剪贴画，绘制图形及图形格式设置。

要求：

（1）将标题“什么是 SUV”转换为艺术字，艺术字样式为“填充-黑色，文本，轮廓-背景1，清晰阴影-着色 1”（第 3 行第 2 列），中文字体为华文琥珀，西文字体为 Arial Unicode MS，字号为 28；文字填充为黄色、边框为红色、粗细 1 磅，加阴影：阴影样式为“外部向右偏移”、颜色为蓝色、角度为 320° 、距离为 10 磅、模糊为 0 磅，文字方向为垂直，位置为“顶部居右，四周型文字环绕。

（2）设置正文字体格式为：中文字体为楷体、西文字体为 Times New Roman、小四、段落格式设置为首行缩进 2 字符、行距为 1.5 倍行距。

（3）插入剪贴画（搜索“car”查找），修改剪贴画（高度为 6 厘米，宽度为 8 厘米），水平翻转，紧密型环绕。

（4）插入图形“前凸带形”“椭圆”“五角星”，在图形“前凸带形”中添加文字“运动型多用汽车”：黑体、四号、加粗、文字相对于图形底端对齐；设置“凸带形”“椭圆”形状样式为“彩色填充－橙色，强调颜色 6”，“五角星”形状样式为“浅色 1 轮廓，彩色填充－水绿色，强调颜色 5”；按照样张调整图形的叠放次序，组合图形并设置图形上下型环绕。样张如图 4-42 所示。

具体步骤：

（1）新建一个 Word 2013 文档，并将文档以“案例 4-6”为文件名保存。

（2）选中文字“什么是 SUV”（注意：为了后续排版方便，此处仅选中文字部分，不要将段落标记选中），单击“插入”选项卡→“文本”组→“艺术字”下拉按钮，如图 4-43 所示，在展开的列表中选择“第 3 行第 2 列”或选择“填充-黑色，文本，轮廓-背景 1，清晰阴影-着色 1”的艺术字样式。

（3）选中艺术字，单击“开始”选项卡→“字体”组右下角的对话框启动器按钮，弹出图 4-44

所示的“字体”对话框，单击“中文字体”下拉按钮，在展开的列表中选择“华文琥珀”；单击“西文字体”下拉按钮，在展开的列表中选择“Arial Unicode MS”；在“字号”文本框中输入“28”，单击“确定”按钮。

SUV 的全称为：Sports Utility Vehicle，即“运动型多功能车”。

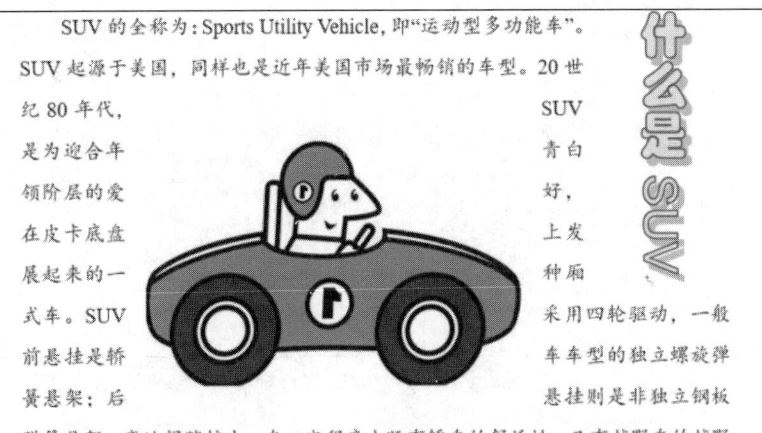

SUV 起源于美国，同样也是近年美国市场最畅销的车型。20 世纪 80 年代，SUV 是为迎合年青白领阶层的爱好，在皮卡底盘上发展起来的一种厢式车。SUV 采用四轮驱动，一般前悬挂是轿车车型的独立螺旋弹簧悬架；后悬挂则是非独立钢板弹簧悬架，离地间隙较大；在一定程度上既有轿车的舒适性，又有越野车的越野性能。这类车既可载人，又可载货，行驶范围广，具有豪华轿车的功能。

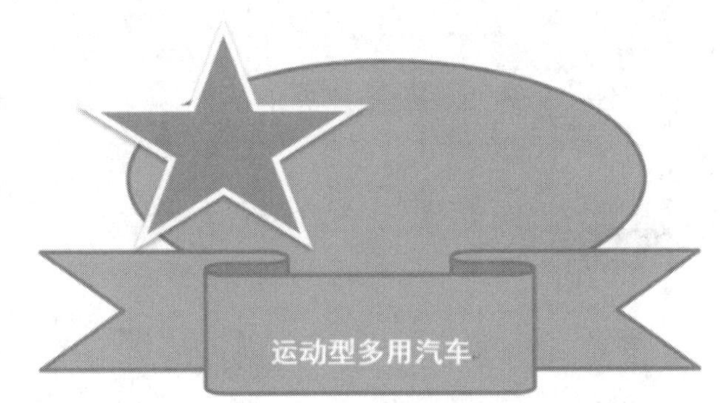

SUV 乘坐空间表现比较出色，无论在前排还是后排，都能可以宽裕的坐在车里。前排座椅的包裹性与支撑性十分到位，此外车内的储物格比较多，日常使用方便。SUV 的热潮最早从美国延烧开来，不仅欧美地区在流行，连远在亚洲日本和韩国的汽车厂商也开始开发 SUV 的车款。由于受到 RV 休旅风气的影响，SUV 的高空间机能和越野能力，已经取代旅行车成了休闲旅游的主要车型。SUV 成了当时最受欢迎的车款。

图 4-42 案例 4-6 样张

（4）选中艺术字，单击“绘图工具-格式”选项卡→“艺术字样式”组→“文本填充”下拉按钮，在展开的列表中选择“标准色→黄色”；单击“艺术字样式”组→“文本轮廓”下拉按钮，在展开的列表中选择“标准色”→“红色”；单击“粗细”下拉按钮，在展开的列表中选择“1 磅”；单击“艺术字样式”组→“文本效果”下拉按钮，在展开的列表中选择“阴影”→“阴影选项”，打开图 4-45 所示的“设置文本形状格式”任务窗格，单击“预设”下拉按钮，在展开的选项中选择“外部”→“向右偏移”；单击“颜色”下拉按钮，在展开的选项中选择“标准色”→“蓝色”，修改“模糊”为“0 磅”，“角度”为“320°”，“距离”为“10 磅”。

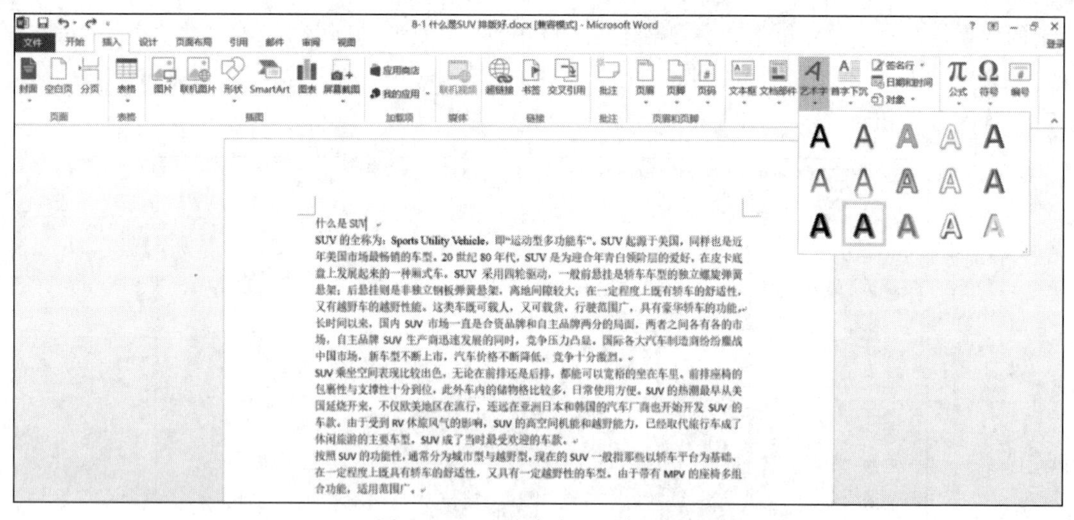

图 4-43　“艺术字”下拉列表

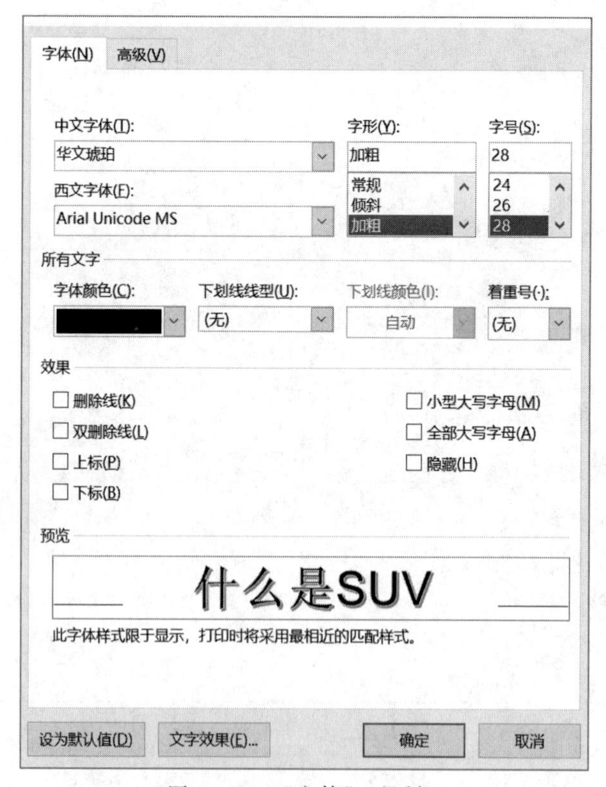

图 4-44　“字体”对话框

（5）选中艺术字，单击“绘图工具-格式”选项卡→“文本”组→“文字方向”下拉按钮，在展开的列表中选择“垂直”；单击“排列”组中的“位置”下拉按钮，在展开的列表中选择“文字环绕”→“顶端居右，四周型文字环绕”。

（6）选中正文，单击“开始”选项卡→“字体”组右下角的对话框启动器按钮，弹出“字体”对话框，选择“字体”选项卡，单击“中文字体”下拉按钮，在展开的列表中选择“楷体”；单击“西文字体”下拉按钮，在展开的列表中选择“Times New Roman”；在“字号”列表框中选择“小四”，单击“确定”按钮。单击“开始”选项卡→“段落”组右下角的对话框启动器按钮，弹出图 4-46 所示的“段落”对话框，单击“特殊格式”下拉按钮，在展开的列表中选择“首行缩进”，“缩进值”为“2 字符”；单击“行距”下拉按钮，在展开的列表中选择“1.5 倍行距”，单击“确定”按钮。

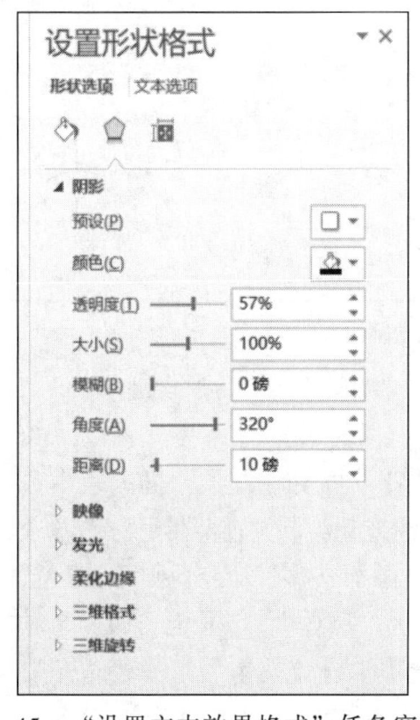

图 4-45 “设置文本效果格式”任务窗格

图 4-46 “段落”对话框

（7）将光标移动到正文，单击“插入”选项卡→“插图”组→“联机图片”按钮，弹出“插入图片”对话框，在“插入图片”对话框中选择必应图像搜索，然后在必应图像搜索文本框中输入“car”，单击“搜索”按钮，在“类型”选项卡中选择“插图”，弹出图 4-47 所示的界面，选择剪贴画；单击剪贴画，在展开的列表中再单击“插入”按钮。

（8）单击“绘图工具-格式”选项卡→“排列”组→“旋转”下拉按钮，在展开的列表中选择“水平翻转”，如图 4-48 所示；然后在“大小”组中设置高度为 6 cm，宽度为 8 cm。

图 4-47 插入“剪贴画”界面

图 4-48　水平翻转剪贴画

（9）选中剪贴画，单击“绘图工具-格式”选项卡→“排列”组→“自动换行”下拉按钮，在展开的列表中选择“紧密型环绕”即可。

（10）单击“插入”选项卡→“插图”组→“形状”下拉按钮，在展开的列表中选择“星与旗帜”→“前凸带形”，按住鼠标左键，在文档中沿对角线拖动绘制“前凸带形”图形。

（11）选中图形并右击，在弹出的快捷菜单中选择“添加文字”命令，则可见到光标在图形内部闪动；在“开始”选项卡→“字体”组中设置字体为“黑体”、字号为“四号”“加粗”，输入文字“运动型多用汽车”；单击“绘图工具-格式”选项卡→“文本”组→“对齐文本”下拉按钮，在展开的列表中选择“底端对齐”。调整图形大小，如图 4-49 所示。

（12）选中图形，如图 4-50 所示，单击“绘图工具-格式”选项卡→“形状样式”组中预设样式右下端的“其他”按钮，显示所有形状或线条的外观形式，在展开的样式中选择“彩色填充-橙色，强调颜色 6”即可。

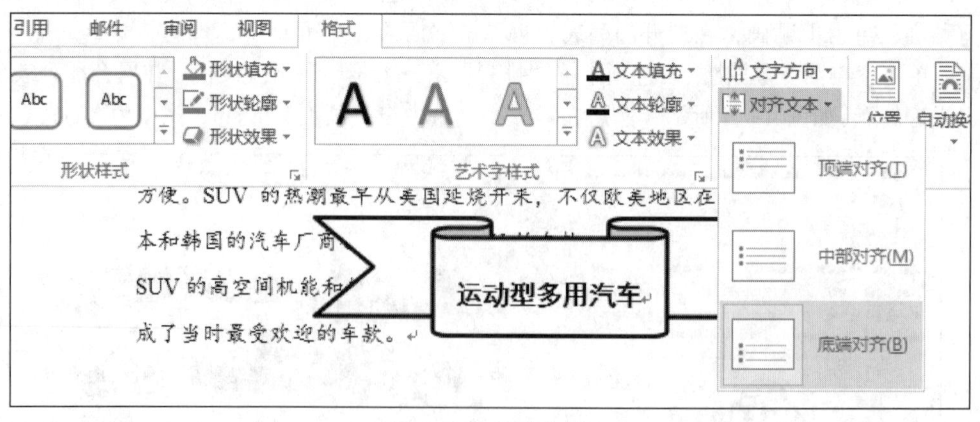

图 4-49　设置字体

（13）分别重复以上 3 个步骤插入图形“椭圆”“五角星”，设置“椭圆”形状样式为“彩色填充-橙色，强调颜色 6”；“五角星”形状样式为“浅色 1 轮廓，彩色填充-水绿色，强调颜色 5”。

（14）如图 4-51 所示，选择合适的图形后右击，利用快捷菜单中的“置于顶端”“置于底层”命令调整图叠放次序；按住【Ctrl】键的同时分别选中 3 个图形并右击，弹出图 4-52 所示的快捷菜单，选择“组合”→“组合”命令。

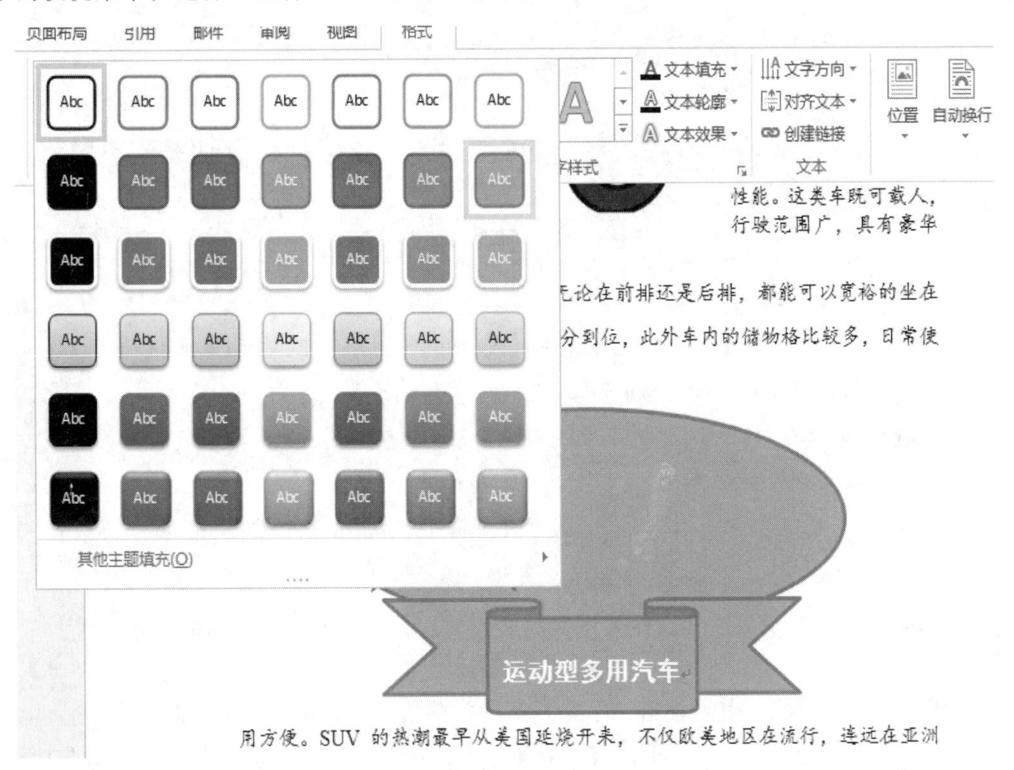

图 4-50　填充颜色

（15）选中图形，单击“绘图工具-格式”选项卡→“排列”组→“自动换行”下拉按钮，在展开的列表中选择“上下型环绕”即可，调整剪贴画位置。

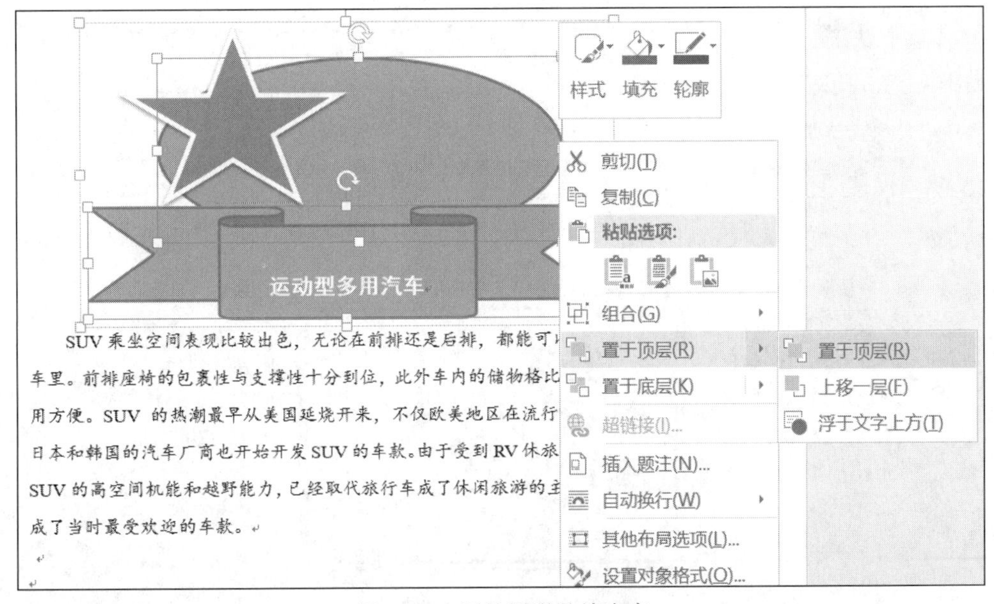

图 4-51　调整图形叠放次序

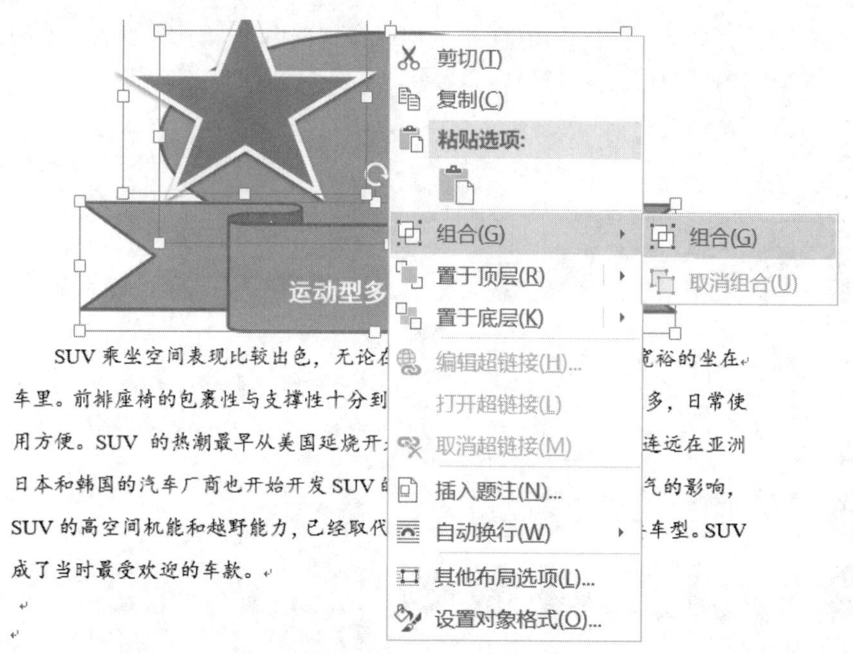

图 4-52　组合图形

【案例 4-7】段落的设置，插入图片图片格式设置，插入文本框及文本框格式设置。

要求：

（1）将正文中所有段落首行缩进 2 字符，行距为多倍行距，设置值为 1.25。

（2）插入文件名为“4-7.jpg”的图片，设置图片高度为 4.5 cm、宽度为 7 cm，进行图文混排，并为图片添加 6 磅蓝色双线边框。

（3）为正文第一段添加横排文本框，为文本框添加“细微效果-橄榄色、强调颜色 3”的样式，并设置文本框架阴影为右上斜偏移，距离为 10 磅。样张如图 4-53 所示。

一只野狼卧在草上勤奋地磨牙，狐狸看到了，就对它说：“天气这么好，大家在休息娱乐，你也加入我们队伍中吧！”野狼没有说话，继续磨牙，把它的牙齿磨得又尖又利。狐狸奇怪地问道：“森林这么静，猎人和猎狗已经回家了，老虎也不在近处徘徊，又没有任何危险，你何必那么用劲磨牙呢？”野狼停下来回答说：“我磨牙并不是为了娱乐，你想想，如果有一天我被猎人或老虎追逐，到那时，我想磨牙也来不及了。而平时我就把牙磨好，到那时就可以保护自己了。”

做事应该未雨绸缪，居安思危，这样在危险突然降临时，才不至于手忙脚乱。“书到用时方恨少”，平常若不充实学问，临时抱佛脚是来不及的。也有人抱怨没有机会，然而当升迁机会来临时，再叹自己平时没有积蓄足够的学识与能力，以致不能胜任，也只好后悔莫及。

图 4-53　案例 4-7 样张

具体步骤：

（1）新建一个 Word 2013 文档，并将文档以“案例 4-7”为文件名保存，然后按样张将文字进行输入。

（2）按【Ctrl+A】组合键选中全文，单击“开始”选项卡→“段落”组右下角的对话框启动器按钮，弹出“段落”对话框，单击“特殊格式”下拉按钮，在展开的列表中选择“首行缩进”，在“缩进值”列表框中输入“2 字符”；单击“行距”下拉按钮，在展开的列表中选择“多倍行距”，修改“设置值”为“1.25”，如图 4-54 所示。

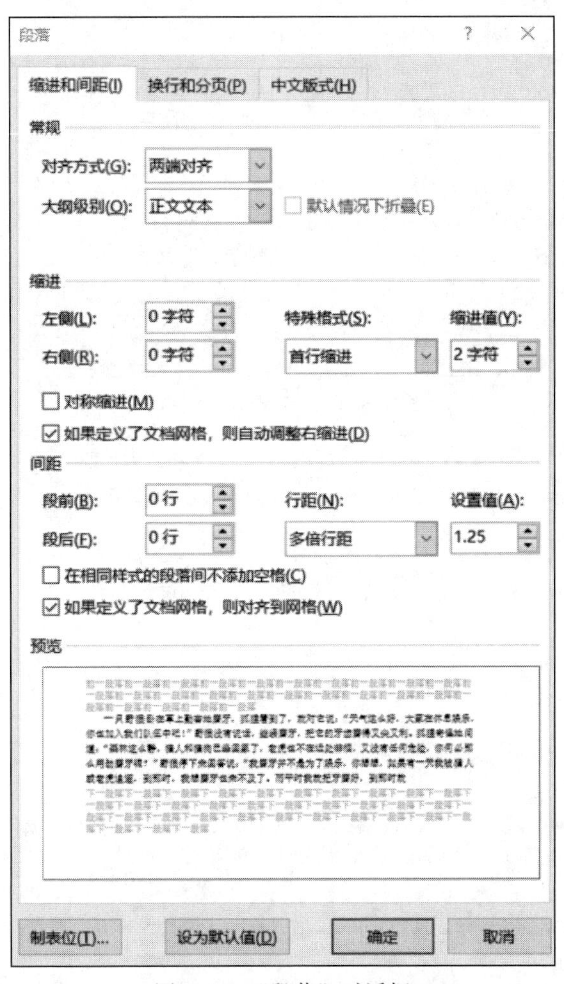

图 4-54　“段落”对话框

（3）单击“插入”选项卡→“插图”组→“图片”按钮，弹出“插入图片”对话框，按照图片地址找到图片，单击“插入”按钮完成插入。

（4）选中图片，单击“图片工具-格式”选项卡→“大小”组右下角的对话框启动器按钮，弹出图 4-55 所示的“布局”对话框，取消选中“锁定纵横比”复选框，在“高度”的“绝对值”微调框中输入“4.5 厘米”，在“宽度”的“绝对值”微调框中输入“7 厘米”；在“布局”对话框中选择“文字环绕”选项卡，设置“环绕方式”为“四周型”，单击“确定”按钮，如图 4-56 所示。

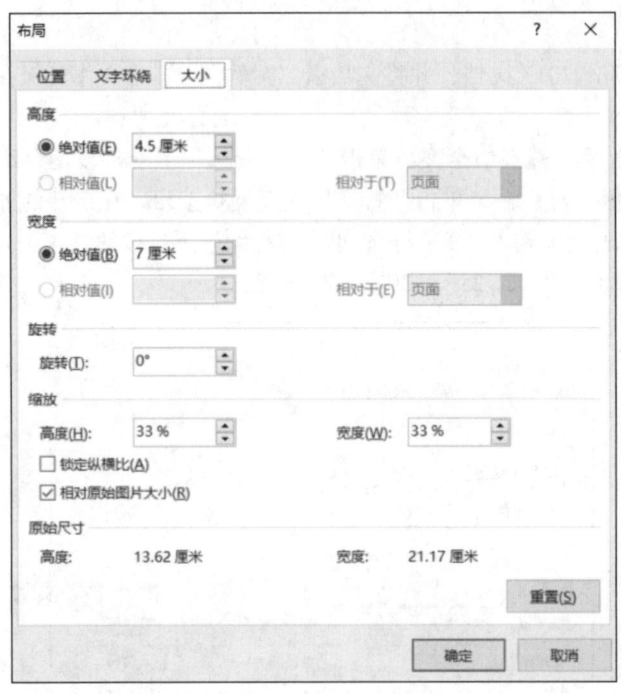

图 4-55 “布局”对话框

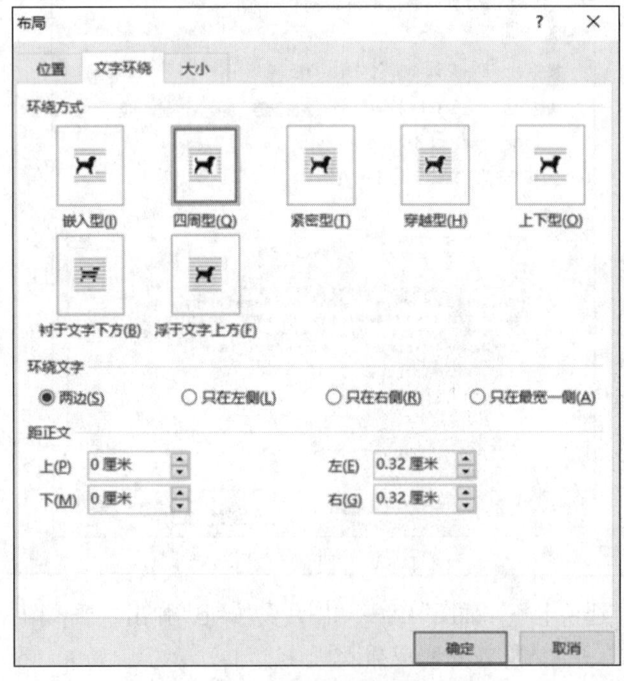

图 4-56 “文字环绕”选项卡

（5）选中图片，单击“图片工具-格式”选项卡→“图片样式”组→“图片边框”下拉按钮，在展开的列表中选择“标准色”→“蓝色”；在同一展开列表中，设置“粗细”→“6 磅”；然后选择其他线条，打开“设置图片格式”任务窗格，选择“线条”为“实线”；单击“复合类型”下拉按钮，在展开的列表中选择“双线”，如图 4-57 所示。

（6）选中正文第 1 段，单击“插入”选项卡→“文本”组→“文本框”下拉按钮，在展开的列表中选择“绘制文本框”（注意按照样张调整文本框和图片的位置）。

（7）选中“文本框”，单击“绘图工具-格式”选项卡→“形状样式”组中颜色设置样式右下端的“其他”按钮，显示所有形状或线条的外观样式，在展开的列表中选择“细微效果-橄榄色、强调颜色 3”即可，如图 4-58 所示。

（8）单击“绘图工具-格式”选项卡→“形状样式”组→“形状效果”下拉按钮，在展开的列表中选择“阴影”→“阴影选项”，打开图 4-59 所示的“设置形状格式”任务窗格；单击“预设”下拉按钮，在展开的选项中选择“外部”→“右上斜偏移”，修改“距离”为“10 磅”。

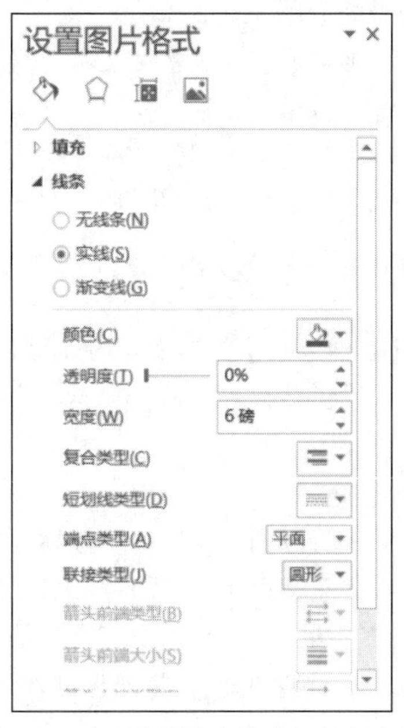

图 4-57　“设置图片格式”任务窗格

图 4-58　文本框样式

图 4-59　“设置形状格式”任务窗格

操 作 练 习

新建一个文档，并进行保存；再输入文字（文字任意），输入文字之后进行文字格式的设置、段落的设置，插入艺术字、插入剪贴画，绘制图形并设置图形格式；插入图片并设置图片格式。

实训 4　Word 2013 综合应用

实 训 目 的

（1）掌握文本格式的设置，段落的设置，查找和替换，水印，首字下沉，边框和底纹，项目符号的应用。

（2）掌握插入表格，文本与表格转换，表格的格式设置，表格内容的编辑，表格内容的公式计算的应用。

（3）掌握插入图片，图片格式设置的应用。

（4）掌握插入页眉，插入艺术字，插入文本框，文本框格式设置的应用。

实 训 内 容

【案例 4-8】文本格式的设置，段落的设置；插入图片，图片格式设置；插入文本框，文本框格式设置；插入表格，文本与表格转换，表格的格式设置，表格内容的编辑，表格内容的公式计算。

要求：

（1）将标题“文字处理概述”字体设置为华文新魏，一号、蓝色、字符间距 3 磅，居中对齐；设置正文第 1～5 段首行缩进 2 字符。

（2）插入文件名为“打字机.jpg”的图片，图片大小修改为高度 3 cm，宽度 5 cm，自动换行为“四周型环绕”，将图片样式设置为“映像棱台，白色”，混排效果如图 4-60 所示。

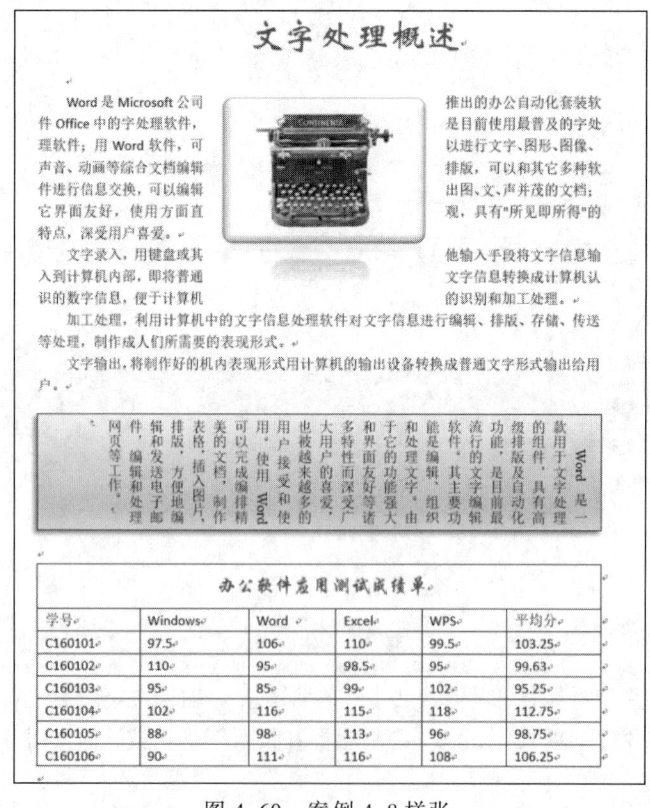

文字处理概述

Word 是 Microsoft 公司
件 Office 中的字处理软件，
理软件；用 Word 软件，可
声音、动画等综合文档编辑
件进行信息交换，可以编辑
它界面友好，使用方面直
特点，深受用户喜爱。

推出的办公自动化套装软
是目前使用最普及的字处
以进行文字、图形、图像、
排版，可以和其它多种软
出图、文、声并茂的文档；
观，具有"所见即所得"的

文字录入，用键盘或其
入到计算机内部，即将普通
识的数字信息，便于计算机

他输入手段将文字信息输
文字信息转换成计算机认
的识别和加工处理。

加工处理，利用计算机中的文字信息处理软件对文字信息进行编辑、排版、存储、传送等处理，制作成人们所需要的表现形式。

文字输出，将制作好的机内表现形式用计算机的输出设备转换成普通文字形式输出给用户。

Word 是一款用于文字处理的组件，具有高级排版及自动化功能，是目前最流行的文字编辑软件，其主要功能是编辑、组织和处理文字，由于它的功能强大和界面友好等诸多特性而深受广大用户的喜爱，也被越来越多的用户接受和使用，使用 Word 可以完成编排精美的文档，制作表格，插入图片、排版，方便地编辑和发送电子邮件，编辑和处理网页等工作。

办公软件应用测试成绩单

学号	Windows	Word	Excel	WPS	平均分
C160101	97.5	106	110	99.5	103.25
C160102	110	95	98.5	95	99.63
C160103	95	85	99	102	95.25
C160104	102	116	115	118	112.75
C160105	88	98	113	96	98.75
C160106	90	111	116	108	106.25

图 4-60 案例 4-8 样张

（3）将第五段文本转化为竖排文本框，适当调整文本框的位置，设置文本框形状格式→填充→渐变填充→预设渐变→“浅色渐变-着色 1”，并添加阴影（形状效果），阴影样式→预设→“外部”→“左下斜偏移”，参数默认设置。

（4）将文末文本转换成表格，在表格右侧插入一列；合并第一行单元格，表格标题字体设置为华文行楷、四号、紫色、居中对齐；将最右列的列标题设置为“平均分”，并使用公式填入每行对应的平均分，保留两位小数。

步骤提示：

（1）新建一个 Word 2013 文档，并将文档以“案例 4-8”为文件名保存。

（2）输入文字，设置字符间距需打开“字体”对话框，如图 4-61 所示，在“高级”选项卡中设置字符间距加宽 3 磅。

（3）转化为竖排文本框后，可适当调整文本框的大小和位置。

（4）文本转换成表格时，如图 4-62 所示，文字分隔位置选择“制表符”，则列数自动变为 5，行数为固定值 7。

（5）在“平均分”列用公式计算平均分时，如图 4-63 所示，可以在“公式”文本框中输入公式“=AVERAGE (LEFT)”，或者输入公式“=AVERAGE (B3:E3)”，两者计算结果相同；当用公式完成一个单元格中平均分的计算后；然后将单元格内容复制到第 2 行到第 6 行再粘贴到“平均分”列的其他单元格；分别选中“平均分”列的其他 5 个单元格并右击，在弹出的快捷菜单中选择“更新域”命令即可，如图 4-64 所示（或同时选择其他 5 个单元——按【F9】键完成“更新域”的操作）。

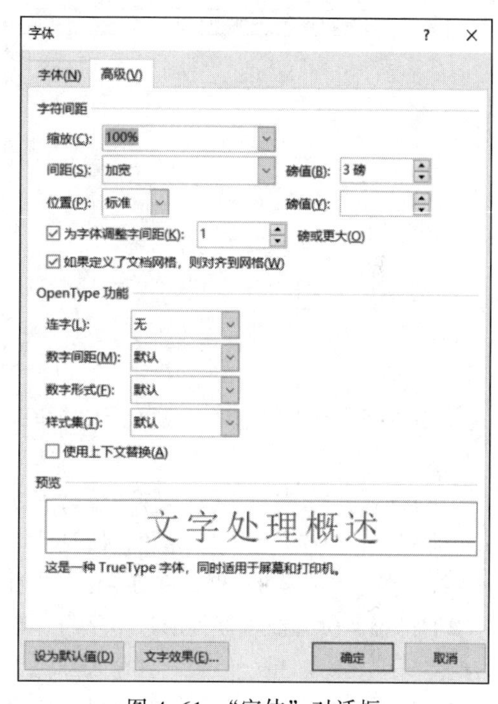

图 4-61　“字体”对话框

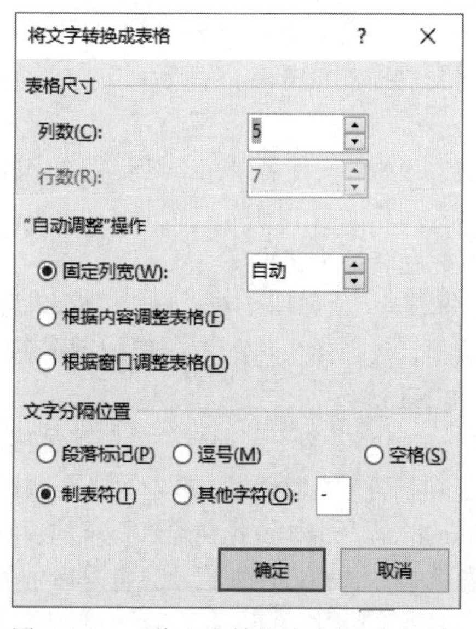

图 4-62　“将文字转换成表格”对话框

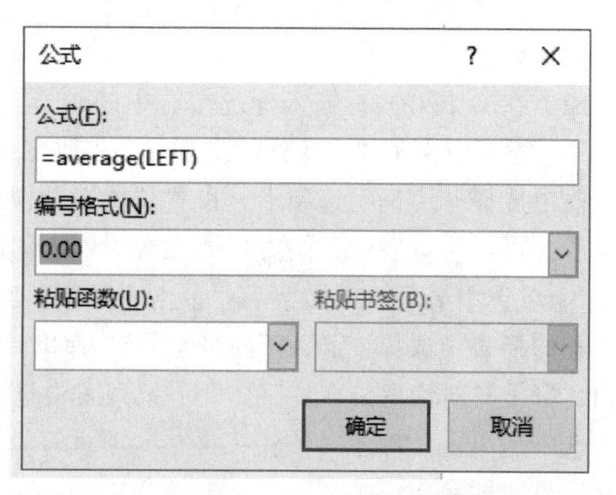

图 4-63　“公式”对话框

图 4-64　更新域

【案例 4-9】插入艺术字，段落、边框和底纹、项目符号的设置，插入图片及图片格式设置。

要求：

（1）将标题“心中的顽石”转换为艺术字（艺术字样式为“填充-白色，轮廓-着色 1，发光-着色 1”，形状样式为“彩色填充-金色，强调颜色 4，形状效果→阴影→阴影选项→三维格式→顶部棱台→棱纹”），艺术字体为隶书，自动换行为“四周型环绕”，放置位置如图 4-65 所示。

（2）将正文所有段落首行缩进 2 字符，段后间距为 6 磅；将正文中所有的文本“石头”设置为楷体、红色、加粗、倾斜，并添加双下画线。

（3）为第 4 段中的“改变你的世界，必先改变你自己的心态。”添加 1.5 磅红色阴影边框和 10%的底纹。

（4）为最后六行文字添加项目号✂。

（5）插入文件名为“向日葵.jpg”的图片，图片大小设置为高度为 4.2 cm，添加图片样式为“映像棱台-白色”，自动换行为“四周型环绕”，进行图文混排，如图 4-65 所示。

步骤提示：

（1）新建一个 Word 2013 文档，并将文档以“案例 4-9”为文件名保存；然后将文字按样张进行输入。

（2）在文中第一行输入标题“心中的顽石”，并将标题转换为艺术字。

（3）先选中文本“改变你的世界，必先改变你自己的心态。”，如图 4-66，在“边框和底纹”对话框中选择“边框”选项卡，设置“阴影”样式的边框，选择颜色和宽度，确认应用于“文字”后，再设置“底纹”图案样式 10%，单击“确定”按钮。

（4）选中最后六行文字后，单击“开始”选项卡→“段落”组→“项目符号”下拉按钮，在展开的列表中选择“定义新项目符号”，弹出“定义新项目符号”对话框，单击“符号”按钮，弹出“符号”对话框，在“字体”下拉列表中选择“Wingdings”字体，找到题目要求的项目符号，选中后单击“确定”按钮；再在“项目符号”下拉列表中选择已添加到项目符号库中的新项目符号，即完成添加。

从前有一户人家的菜园摆着一颗大石头，宽度大约有四十公分，高度有十公分。到菜园的人，不小心就会踢到那一颗大石头，不是跌倒就是擦伤。儿子问："爸爸，那颗讨厌的石头，为什么不把它挖走？"爸爸这么回答："你说那颗石头喔？从你爷爷时代，就一直放到现在了，它的体积那么大，不知道要挖到到什么时候，没事无聊挖石头，不如走路小心一点，还可以训练你的反应能力。"

过了几年，这颗大石头留到下一代，当时的儿子娶了媳妇，当了爸爸。有一天媳妇气愤地说："爸爸，菜园那颗大石头，我越看越不顺眼，改天请人搬走好了。"爸爸回答说："算了吧！那颗大石头很重的，可以搬走的话在我小时候就搬走了，哪会让它留到现在啊？"媳妇心底非常不是滋味，那颗大石头不知道让她跌倒多少次了。

有一天早上，媳妇带着锄头和一桶水，将整桶水倒在大石头的四周。十几分钟以后，媳妇用锄头把大石头四周的泥土搅松。媳妇早有心理准备，可能要挖一天吧，谁都没想到几分钟就把石头挖起来，看看大小，这颗石头没有想像的那么大，都是被那个巨大的外表蒙骗了。

你抱着下坡的想法爬山，便无从爬上山去。如果你的世界沉闷而无望，那是因为你自己沉闷无望。改变你的世界，必先改变你自己的心态。

阻碍我们去发现、去创造的，仅仅是我们心理上的障碍和思想中的顽石。

- 天才是百分之一的灵感加百分之九十九的汗水。——爱迪生
- 流水在碰到底处时才会释放活力。——歌德
- 真理惟一可靠的标准就是永远自相符合。 —— 欧文
- 勿问成功的秘诀为何，且尽全力做你应该做的事吧。——美华纳
- 不幸可能成为通向幸福的桥梁。——日本谚语
- 烈火试真金，逆境试强者。——塞内加

图 4-65　案例 4-9 样张

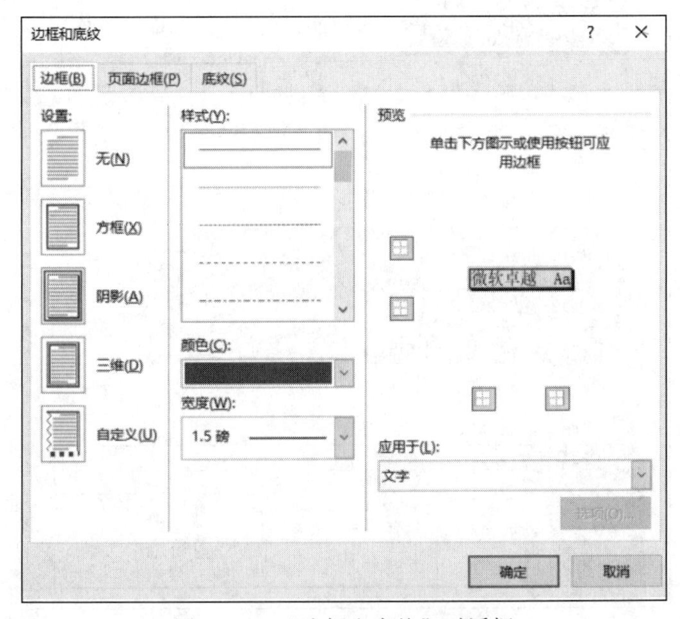

图 4-66　“边框和底纹”对话框

【案例 4-10】文本的基本编辑，文字格式的设置，文档与表格转表格的格式设置，插入图片及图片格式设置，插入文本框及文本框格式设置。

要求：

（1）在文本的最上方新插入 1 行，输入文字“环境污染”作为标题，将设置文字为“标题 1”并居中，并添加蓝色、0.75 磅的双曲线框线；设置第 1、第 2 段（包含 4 个方面）文字为首行缩进 2 个字符、行间距为 1.5 倍行距；

（2）插入图片文件“烟囱.jpg”，高度为 3 cm，实现“四周型环绕”的图文混排，在预设渐变中添加“底部聚光灯-着色 5”渐变边框线（线条宽度为 5 磅）。

（3）将第 1、第 2 段文字中的“污染”全部替换为加着重号、蓝色，红色双线下画线的“污染。

（4）为第 2 段（4 个方面）文字添加文本框，文本框内文字的行距为固定值 20 磅，并为文本添加“细微效果-蓝色，强调颜色 5”的形状样式、形状效果为阴影→外部→“居中偏移”，在设置文本边框为红色、双线、宽度 3 磅；适当调整文本框的位置。

（5）将文字“分类”居中显示，设置为华文新魏、三号字体。

（6）将“分类”后面的文字转换成 4 行 7 列的表格，设置根据内容自动调整表格大小、单元格内所有内容水平居中；设置表格外边框为 1.5 磅的红色单实线、内边框为 0.75 磅的黑色单实线，第 1 列单元格填充“红色，图案样式 60%，样式为橙色-着色 2-淡色 60%”的底纹。样张如图 4-67 所示。

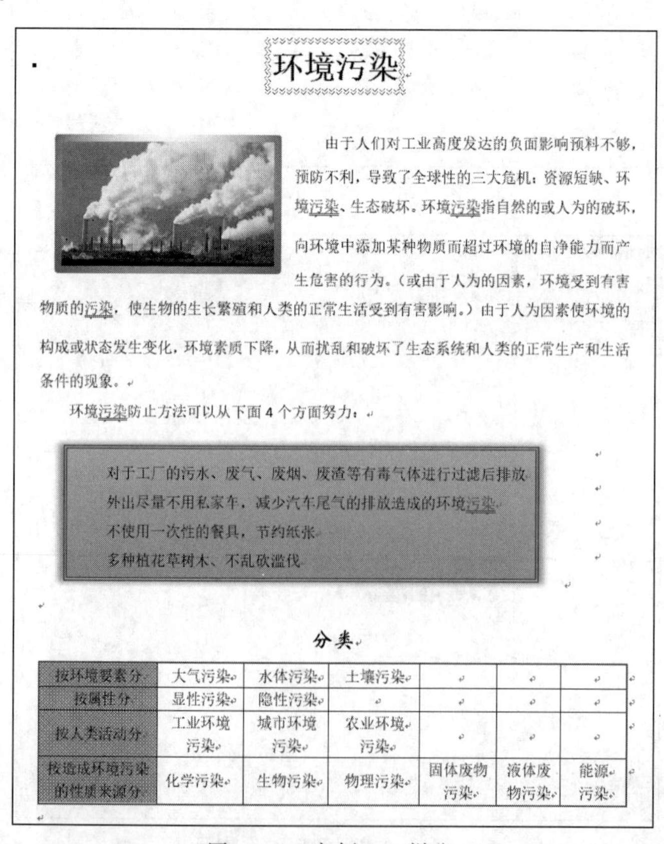

环境污染

由于人们对工业高度发达的负面影响预料不够，预防不利，导致了全球性的三大危机：资源短缺、环境污染、生态破坏。环境污染指自然的或人为的破坏，向环境中添加某种物质而超过环境的自净能力而产生危害的行为。（或由于人为的因素，环境受到有害物质的污染，使生物的生长繁殖和人类的正常生活受到有害影响。）由于人为因素使环境的构成或状态发生变化，环境素质下降，从而扰乱和破坏了生态系统和人类的正常生产和生活条件的现象。

环境污染防止方法可以从下面 4 个方面努力：

对于工厂的污水、废气、废烟、废渣等有毒气体进行过滤后排放
外出尽量不用私家车，减少汽车尾气的排放造成的环境污染
不使用一次性的餐具，节约纸张
多种植花草树木、不乱砍滥伐

分类

按环境要素分	大气污染	水体污染	土壤污染			
按属性分	显性污染	隐性污染				
按人类活动分	工业环境污染	城市环境污染	农业环境污染			
按造成环境污染的性质来源分	化学污染	生物污染	物理污染	固体废物污染	液体废物污染	能源污染

图 4-67　案例 4-0 样张

步骤提示：

设置图片边框的方法：先插入“烟囱.jpg”图片，然后右击图片，在弹出的快捷菜单中选择“设置图片格式”命令，弹出“设置图片格式”任务窗格，选择填充→渐变填充→预设渐变→“底部聚光灯-着色 5”，然后在“实线”中设置线条宽度为 5 磅，如图 4-68 所示。

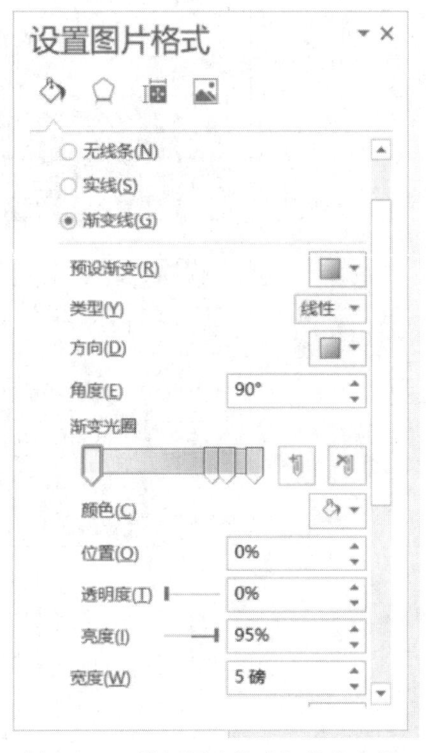

图 4-68　“设置图片格式”任务窗格

插入文本框的方法为：用鼠标拖动选择第 2 段（4 个方面）文字，单击“插入”选项卡→“文本”组→“文本框”下拉按钮，在展开的列表中选择“绘制文本框”；在“绘图工具-格式”选项卡→“形状样式”组中选择“强烈效果-金色，强调颜色 4”，形状效果为“阴影-居中偏移”；设置文本边框：选择设置形状格式“实线-红色，复合类型-双线，宽度 3 磅”。

将文本转换成表格的方法为：用鼠标拖动选中文字，单击“插入”选项卡→“表格”组→“表格”下拉按钮，在展开的列表中选择“文本转换成表格”，弹出“将文字转换成表格”对话框，设置“文字分隔位置”为“制表符”；根据内容自动调整表格大小的方法为，选中表格并右击，在弹出的快捷菜单中选择“自动调整”→“根据内容调整表格”命令。

【案例 4-11】插入页眉，文字格式、段落、边框和底纹、水印、首字下沉的设置、插入艺术字，插入图片及图片格式设置，插入文本框及文本框格式设置。

要求：

（1）插入页眉，位置居中，内容为“狮王归来”，字体为华文新魏，小四，加粗；设置所有文字首行缩进 2 个字符。

（2）设置标题“狮王简介”为艺术字，艺术字样式为“填充-金色，着色，软棱台”，华文隶书、36 磅，自动换行为“上下型环绕”；设置艺术字样式的文本效果为“向下偏移”的外部阴影样式，模糊为 0 磅，距离为 10 磅。

（3）将第 1 段转化为横排文本框，形状填充颜色为橙色，形状轮廓为粗细 1 磅，添加“角度”棱台的形状效果，适当调整文本框位置。

（4）在第 2 段插入图片“狮子.jpg”，图文混排为“四周型环绕”；为图片边框颜色添加“金色-着色 4”，宽度为 5 磅的渐变边框。

（5）设置最后一段的第一个字首字下沉 3 行，距正文 0.5 cm，字体为隶书；为该字添加红色、图案样式为 15%的底纹。

（6）为文本添加自定义文字水印“狮王归来”。样张如图 4-69 所示。

步骤提示：

单击艺术字的文本框，单击“绘图工具-格式”选项卡→“艺术字样式”组→“文本效果”

下拉按钮，在展开的列表中选择“阴影”→“阴影选项”命令，弹出“设置文本效果样式”任务窗格，在其中设置参数，如图 4-70 所示。

狮王归来

狮子简介

狮子是大型猫科动物，科学家根据其进化轨迹得出结论，该物种起源于约 12 万年前。英国《BMC 进化生物学》杂志刊登的这项最新成果由英国、美国、法国和澳大利亚等国研究人员共同完成。他们从分布在世界各地博物馆中的古代狮子标本中取样，包括已经灭绝的北非巴巴里狮、伊朗狮等。研究人员对它们进行了基因测序，并将测序结果与现有的亚洲狮、非洲狮子进行比对，得出了现代狮子的进化路线图。

狮子原来分布于热带雨林地区以外的非洲各地、南亚和中近东地区，现在除了印度的吉尔以外亚洲其它地方的狮子均已经消失，北非也不再有野生的狮子，目前狮子主要分布于非洲撒哈拉沙漠以南的草原上，因此现在基本可以算是非洲的特产。

狮子体型大，躯体均匀，四肢中长，趾行性。头大而圆，吻部较短，视、听、嗅觉均很发达。犬齿及裂齿极发达；上裂齿具三齿尖，下裂齿具 2 齿尖；臼齿较退化，齿冠直径小于外侧门齿高度。皮毛柔软。有“草原之王”的称号，是非洲顶级的猫科食肉动物。

狮子的毛发短，体色有浅灰、黄色或茶色。雄狮长有很长的鬃毛，鬃毛有淡棕色、深棕色、黑色等等，长长的鬃毛一直延伸到肩部和胸部。那些鬃毛越长，颜色越深的雄狮，常常更能吸引母狮的注意。生活在非洲大陆南北两端的雄狮鬃毛更加发达，一直延伸到背部和腹部，它们的体型也最大。

图 4-69　案例 4-11 样张

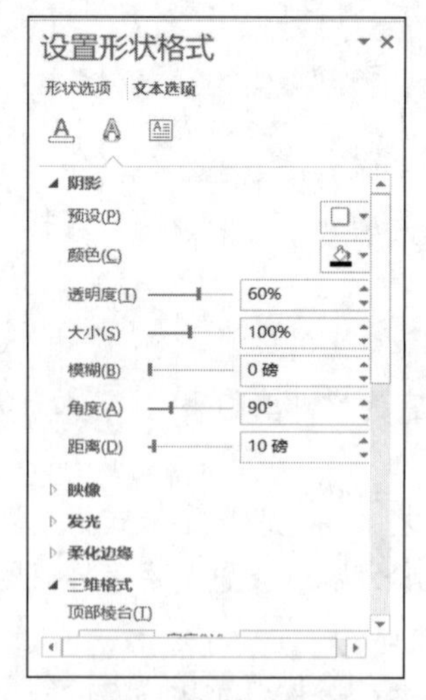

图 4-70　“设置文本效果格式”任务窗格

操 作 练 习

新建一个文档，并进行保存；再输入文字（文字任意），输入文字之后进行文字格式、段落、边框和底纹、文字水印、首字下沉的设置；插入艺术字，插入图片及图片格式设置，插入文本框及文本框格式设置。

第 5 章

Excel 2013

实训1　Excel 2013 基本操作

实 训 目 的

（1）掌握工作簿文件的建立、打开和保存方法。

（2）掌握工作表的编辑方法。

（3）掌握公式和函数的使用方法。

（4）掌握工作簿的管理方法及多工作表之间的操作。

（5）掌握图表的制作方法。

实 训 内 容

【案例 5-1】工作簿的建立及工作表的编辑。

要求：

（1）建立工作簿文件，在工作表中输入不同类型的数据，使用自动填充功能完成相同或有规律数据的输入。

（2）利用公式及函数完成数据的计算。

具体步骤：

（1）创建工作簿，在工作表“Sheet1”中输入图 5-1 所示的数据，以“学号+姓名+ex1”为文件名保存工作簿。

	A	B	C	D	E	F	G	H
1	xxx班第一学期成绩表							
2	姓名	高等数学	大学英语	计算机	大学语文	体育	总分	平均分
3	吴华	88	96	90	80	83		
4	钱玲	49	73	71	72	75		
5	张家鸣	67	76	51	66	47		
6	杨梅华	89	92	86	87	83		
7	汤沐化	77	56	77	80	75		
8	万科	88	92	96	93	88		
9	苏丹平	43	65	67	68	74		
10	黄亚非	83	77	55	79	87		
11	张倩云	75	81	81	84	86		

图 5-1　工作表“Sheet1”中的数据

① 选择“开始”→“所有程序”→“Microsoft Office 2013”→“Excel 2013”命令，打开 Excel 应用程序，系统自动创建一个 Excel 工作簿，工作簿的默认文件名为“工作簿 1”，当前工作表为“Sheet1”。

② 在“Sheet1”工作表中输入数据，如图 5-1 所示。

③ 设置数据有效性。选择 B3:F11 单元格区域，单击“数据”选项卡→“数据工具”组→“数据验证”按钮，弹出“数据验证”对话框。

a. 如图 5-2 所示，在“设置”选项卡中，对“验证条件”进行设置，设置“允许”项为“整数”(选中“忽略空值”)、“数据”项为“介于”、“最小值”为“0”、“最大值”为“100”。

b. 如图 5-3 所示，在“输入信息”选项卡中，选中“选定单元格时显示输入信息”，在“标题”栏中填写“提示”、“输入信息”中填写“成绩的有效范围介于 0～100 之间!”。

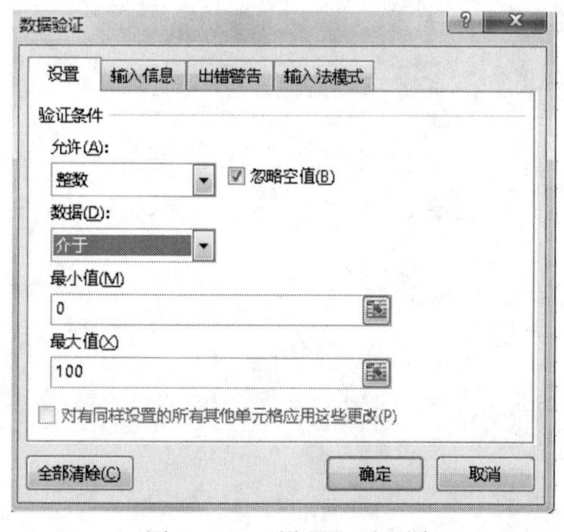

图 5-2 “设置”选项卡

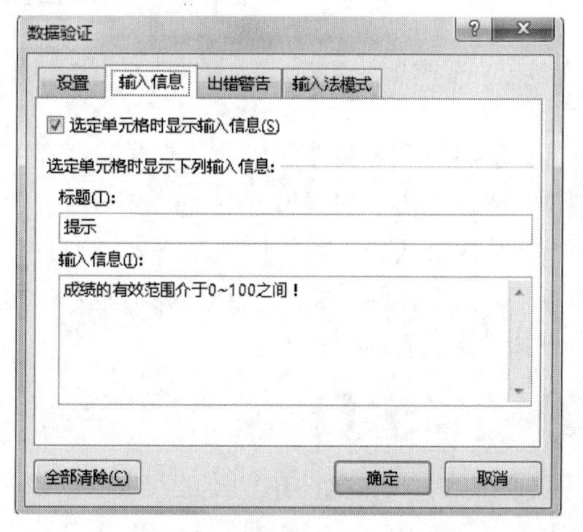

图 5-3 “输入信息”选项卡

c. 如图 5-4 所示，在“出错警告”选项卡中，选中“输入无效数据时显示出错警告”，在“样式”下拉列表中选择“警告”，在“标题”栏中填写“警告”、“错误信息”中填写“超出成绩的有效范围”，单击“确定”按钮完成数据有效性设置。

④ 选中标题所在的第一行(即 A1:H1 区域)，单击“开始”选项卡→“对齐方式”组→“合并后居中”按钮。

⑤ 单击“保存”按钮，弹出“另存为”对话框，选择存放工作簿的位置，在“文件名”文本框中输入“学号+姓名+ex1”，单击“保存”按钮即可，然后单击“关闭”按钮关闭 Excel。

(2) 打开工作簿，在“姓名”列前插入“编号”和“学号”两列。

① 选择“开始”→“所有程序”→“Microsoft Office”→“Microsoft Office Excel2013”命令，打开 Excel 应用程序。

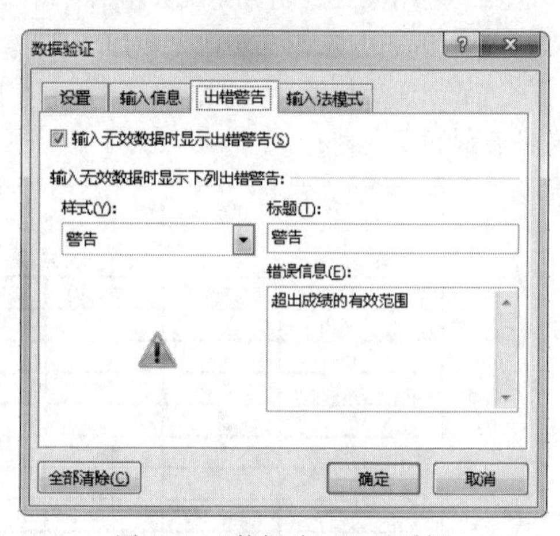

图 5-4 “数据验证”对话框“出错警告”选项卡

② 选择“文件”→“打开”命令，在弹出的对话框中选择已保存的“学号+姓名+ex1”文件单击打开。

③ 移动鼠标指针至“姓名”列的列标位置，出现⬇图标，右击，在弹出的快捷菜单中选择“插入”命令，重复以上操作，在“姓名”列前插入 2 空列。

④ 分别双击 A2 和 B2 单元格，输入“编号”和“学号”。

⑤ 选中标题所在的第一行（即 A1:J1 区域），单击“开始”选项卡→“对齐方式”组→“合并后居中”按钮，完成后的效果如图 5-5 所示。

	A	B	C	D	E	F	G	H	I	J
1	xxx班第一学期成绩表									
2	编号	学号	姓名	高等数学	大学英语	计算机	大学语文	体育	总分	平均分
3			吴华	88	96	90	80	83		
4			钱玲	49	73	71	72	75		
5			张家鸣	67	76	51	66	47		
6			杨梅华	89	92	86	87	83		
7			汤沫化	77	56	77	80	75		
8			万科	88	92	96	93	88		
9			苏丹平	43	65	67	68	74		
10			黄亚非	83	77	55	79	87		
11			张倩云	75	81	81	84	86		

图 5-5 数据编辑效果图

（3）利用自动填充功能为“编号”列输入数据（1，2，3……9）。

① 双击 A3 单元格，并在其中输入数字“1”。

② 选中 A3 单元格，单击“开始”选项卡→“编辑”组→“填充”下拉按钮，在弹出的列表中选择“序列”。

③ 如图 5-6 所示，在“序列”对话框中依次选择“列”“等差序列”，“步长值”输入 1，“终止值”输入 9，单击“确定”按钮。

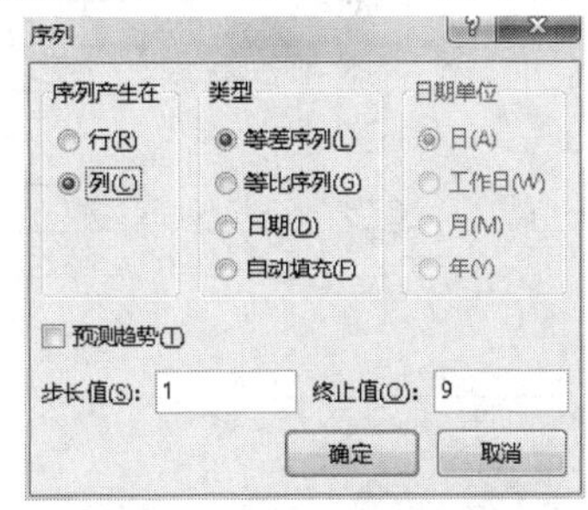

图 5-6 “序列”对话框

（4）利用设置“单元格格式”对话框将“学号”列设置为“文本”型格式。

① 选中 B3 至 B11 单元格区域，单击“开始”选项卡→“单元格”组→“格式”下拉按钮，在弹出的列表中选择“设置单元格格式”，弹出“设置单元格格式”对话框。

② 在“数字”选项卡的“分类”列表中选择“文本”，单击“确定”按钮，完成文本格式设置，如图 5-7 所示。

（5）利用填充柄为“学号”列填入数据（173821001，173821002……173821009）。

① 双击 B3 单元格，并在其中输入“173821001”。

② 选中 B3 单元格，移动鼠标指针至该单元格右下角，此时光标变成一个细实线的“+”号（填充柄）。

③ 按住鼠标左键拖动鼠标到 B11 单元格，完成数据 173821001，173821002……173821009 的自填充操作，结果如图 5-8 所示。

（6）利用 Excel 2013 提供的“自动求和”功能计算每个人的总分和平均分。

① 计算每个人的总分。选中 D3:I11 区域的单元格，单击“公式”选项卡→“函数库”组→“自动求和”下拉按钮箭头，在弹出的列表中选择“求和”，如图 5-9 所示。

图 5-7 “设置单元格格式”对话框

	A	B	C	D	E	F	G	H	I	J
1			xxx班第一学期成绩表							
2	编号	学号	姓名	高等数学	大学英语	计算机	大学语文	体育	总分	平均分
3	1	173821001	吴华	88	96	90	80	83		
4	2	173821002	钱玲	49	73	71	72	75		
5	3	173821003	张家鸣	67	76	51	66	47		
6	4	173821004	杨梅华	89	92	86	87	83		
7	5	173821005	汤沐化	77	56	77	80	75		
8	6	173821006	万科	88	92	96	93	88		
9	7	173821007	苏丹平	43	65	67	68	74		
10	8	173821008	黄亚非	83	77	55	79	87		
11	9	173821009	张倩云	75	81	81	84	86		

图 5-8 完成数据填充

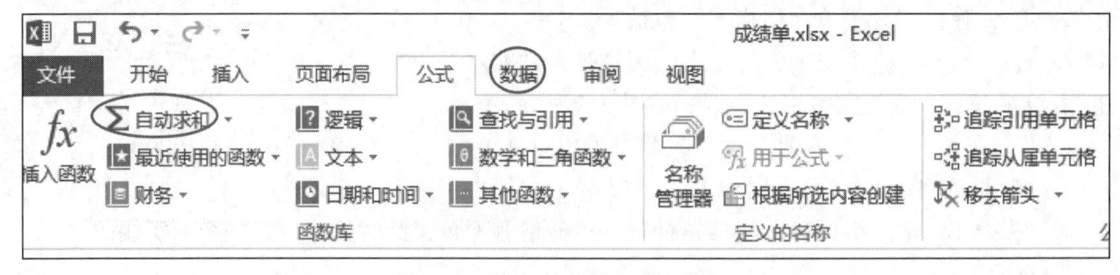

图 5-9 单击“自动求和”按钮

② 计算每个人的平均分。

a. 选中 J3 单元格，单击“公式”选项卡→“函数库”组→“自动求和”下拉按钮，在弹出的列表中选择“平均值”（公式应该是=AVERAGE(C3:H3)）。

b. 选中 J3 单元格，利用填充柄（或复制粘贴）将公式复制到 J3 至 J11 单元格中，求出其他人的平均分，结果如图 5-10 所示。

	A	B	C	D	E	F	G	H	I	J
1	xxx班第一学期成绩表									
2	编号	学号	姓名	高等数学	大学英语	计算机	大学语文	体育	总分	平均分
3	1	173821001	吴华	88	96	90	80	83	437	87.4
4	2	173821002	钱玲	49	73	71	72	75	340	68
5	3	173821003	张家鸣	67	76	51	66	47	307	61.4
6	4	173821004	杨梅华	89	92	86	87	83	437	87.4
7	5	173821005	汤沐化	77	56	77	80	75	365	73
8	6	173821006	万科	88	92	96	93	88	457	91.4
9	7	173821007	苏丹平	43	65	67	68	74	317	63.4
10	8	173821008	黄亚非	83	77	55	79	87	381	76.2
11	9	173821009	张倩云	75	81	81	84	86	407	81.4

图 5-10 用公式计算总分和平均分

【案例 5-2】工作表的格式化操作。

要求：完成单元格及单元格区域的选定、插入、删除、重命名及数据的复制与移动等操作。

具体步骤：

（1）设置表格标题“xxx 班第一学期成绩表”文字为隶书、加粗，字号为 22 磅，对齐方式水平、垂直“居中”，图案“红色”（在“设置单元格格式”对话框的“填充”选项卡中设置）。

单击“开始”选项卡→“字体”组→“字体”下拉按钮，在展开的列表中选择“楷体”；单击“字号”下拉按钮，在展开的列表中选择“小四”。

（2）选中 A1 单元格（表格标题所在单元格），单击“开始”选项卡。

① 在“字体”组→“字体”列表框中选择“隶书”，“字号”列表框中选择“22”。

② 分别单击“字体”组的“**B**”按钮和“对齐方式”组的 ≡ 按钮。

③ 单击“单元格”组→“格式”下拉按钮，在弹出的列表中选择“设置单元格格式”，弹出“设置单元格格式”对话框。在“对齐”选项卡的“垂直对齐”列表中选择“居中”。

④ 在“填充”选项卡的“背景色”中选择“红色”图标，如图 5-11 所示。

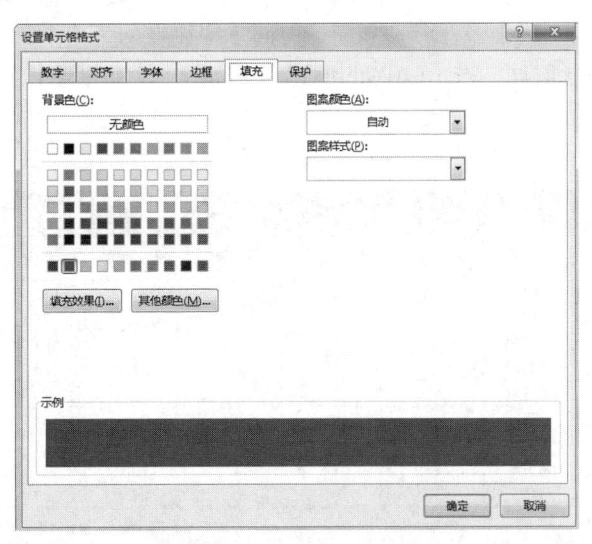

图 5-11 “填充”选项卡

（3）设置表格的外框线为蓝色双线边框，内框线为绿色单实线边框。

① 选中整个表格区域（A1:J11），单击“开始”选项卡→“字体”组→“田”下拉按钮，在弹出的列表中选择“其他边框”，出现图 5-12 所示的“设置单元格格式”对话框的“边框”选项卡。

② 在“边框”选项卡中，依次设置“外边框”的“样式”为双线，“颜色”为蓝色。

③ 在“边框”选项卡中，依次设置“内部”的“样式”为单线，“颜色”为绿色。

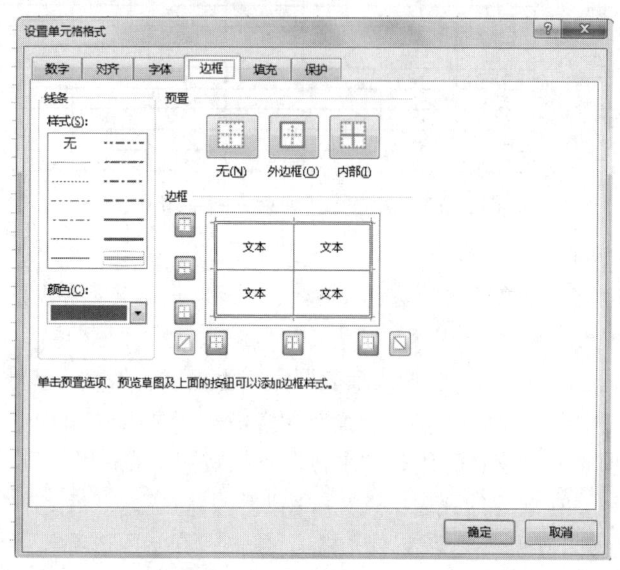

图 5-12 “边框”选项卡

（4）将表格中第 2 行文字（即姓名、高等数学等字段名所在行）设为粗体，字号为 12 磅，行高设置为 25 磅，用鼠标拖动适当微调各列宽度，使所有文字在一行显示并添加该行底纹，颜色自定。将表格中其余行的行高设置为 15 磅，字号为 10 磅。

（5）在该表格的下面合并居中一行，为该行添加蓝色双线边框，在该行中插入“制表人：你的姓名”，然后快速输入当前系统日期和当前时间（快速输入当前系统日期：按【Ctrl+;】组合键；快速输入当前系统时间：按【Ctrl+Shift+;】组合键），设置为隶书、加粗、字号为 14 磅。效果如图 5-13 所示。

	A	B	C	D	E	F	G	H	I	J
1	XXX班第一学期成绩表									
2	编号	学号	姓名	高等数学	大学英语	计算机	大学语文	体育	总分	平均分
3	1	173821001	吴华	88	96	90	80	83	437	87.4
4	2	173821002	钱玲	49	73	71	72	75	340	68
5	3	173821003	张家鸣	67	76	51	66	47	307	61.4
6	4	173821004	杨梅华	89	92	86	87	83	437	87.4
7	5	173821005	汤沐化	77	56	77	80	75	365	73
8	6	173821006	万科	88	92	96	93	88	457	91.4
9	7	173821007	苏丹平	43	65	67	68	74	317	63.4
10	8	173821008	黄亚非	83	77	55	79	87	381	76.2
11	9	173821009	张倩云	75	81	81	84	86	407	81.4
12	制表人：xxx 2018/3/7 9:14									

图 5-13 工作表格式化效果图

【案例 5-3】图表的制作。

要求：在 Excel 中插入图表，并编排图表的格式，完成图表的制作。

具体步骤：

（1）将工作表“Sheet1”中的 C2:J11 单元格（“姓名”、“高等数学”、“大学英语”、“计算机”、

“大学语文”和“平均分”）的内容复制到工作表“Sheet2”中。

① 在工作表“Sheet1”中选定单元格区域 C2:G11，然后按住【Ctrl】键再选择单元格区域 J3:J11，单击“复制”按钮（或按【Ctrl+C】组合键）。

② 单击工作表“Sheet1”后面的“+”号按钮增加工作表“Sheet2”，将光标定位到 A1 单元格中，单击“粘贴”按钮（或按【Ctrl+V】组合键）完成复制。复制后的工作表 Sheet2 如图 5-14 所示。

平均分”列中的平均分需要重新计算。

	A	B	C	D	E	F
1	姓名	高等数学	大学英语	计算机	大学语文	平均分
2	吴华	88	96	90	80	88.5
3	钱玲	49	73	71	72	66.25
4	张家鸣	67	76	51	66	65
5	杨梅华	89	92	86	87	88.5
6	汤沐化	77	56	77	80	72.5
7	万科	88	92	96	93	92.25
8	苏丹平	43	65	67	68	60.75
9	黄亚非	83	77	55	79	73.5
10	张倩云	75	81	81	84	80.25

图 5-14 工作表 Sheet2

（2）制作图表。利用工作表“Sheet2”中的数据做一个图表“xxx 班第一学期成绩图表”，如图 5-15 所示。

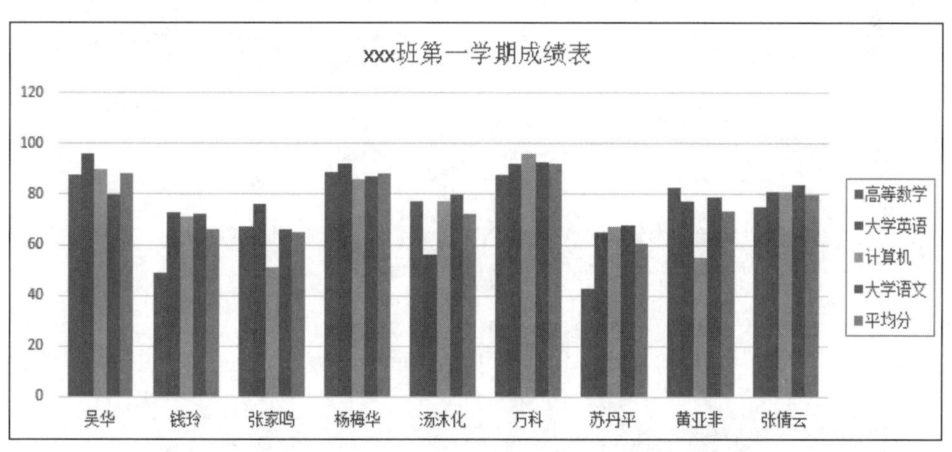

图 5-15 利用工作表“Sheet2”中的数据制作的图表

① 选择单元格区域 A1:F10，单击“插入”选项卡→“图表”组→“▮▮”下拉按钮，在弹出的列表中选择“更多柱形图”，出现图 5-16 所示的“插入图表”对话框。

② 在“插入图表”对话框的“所有图表”选项卡中，选择“簇状柱形图”中的第一个图标，单击“确定”按钮。

③ 选中生成的图表，单击“设计”选项卡→“数据”组→“选择数据”按钮，弹出图 5-17 所示的“选择数据源”对话框。

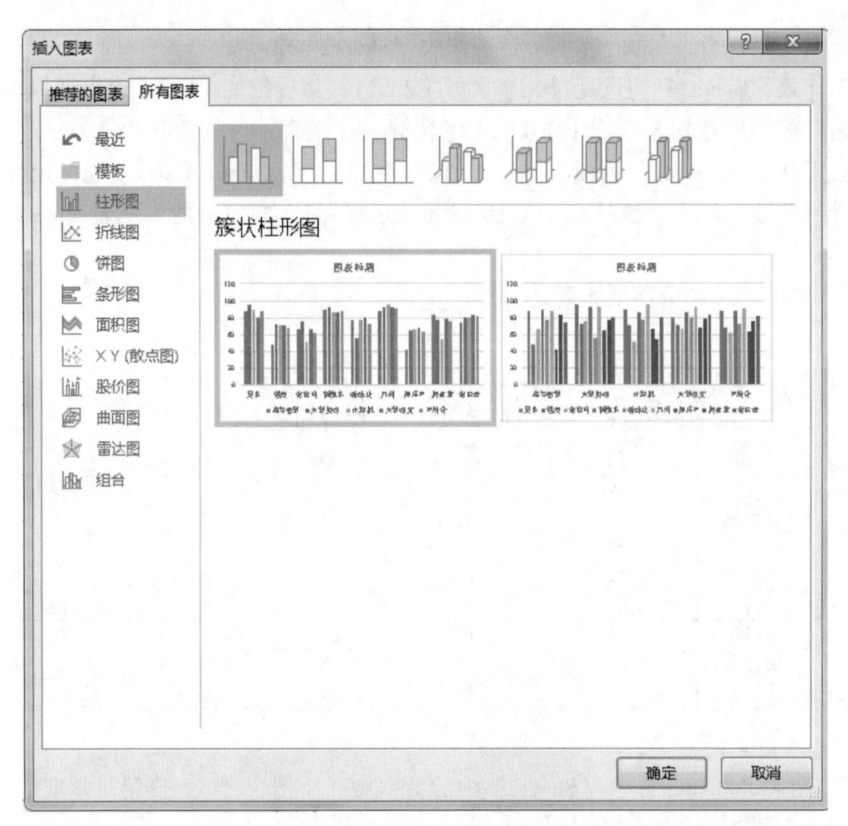

图 5-16 “插入图表”对话框

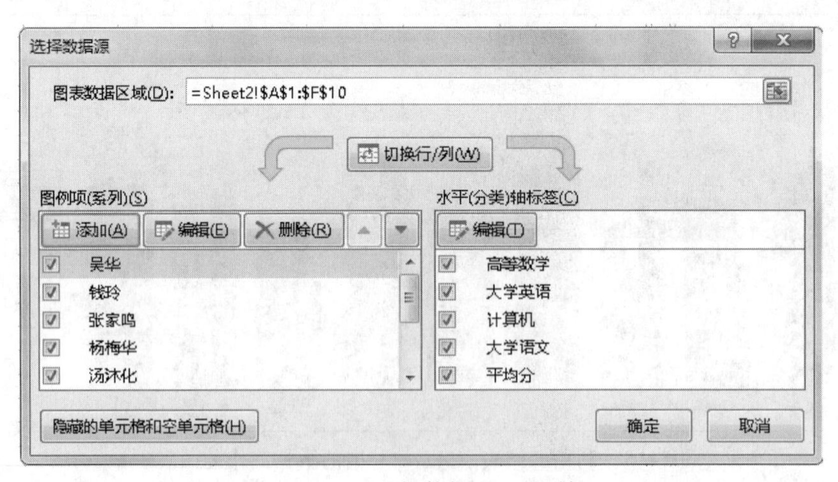

图 5-17 “选择数据源”对话框

④ 单击“切换行/列”按钮，单击“确定”按钮，重新生成图表。

⑤ 双击图表中的“图例”，在弹出的“设置图例格式”任务窗格中选择“实线”，设置“颜色”为蓝色填充边框，然后将“图例位置”改成“靠右”。

⑥ 双击图表中的“绘图区”，在弹出的“设置绘图区格式”任务窗格中选择“实线”，设置“颜色”为黑色填充边框，移动图表至表格正下方。插入图表后的工作表“Sheet2”如图 5-18 所示。

⑦ 单击“保存”按钮（或者按【Ctrl+S】组合键）保存文件。

姓名	高等数学	大学英语	计算机	大学语文	平均分
吴华	88	96	90	80	88.5
钱玲	49	73	71	72	66.25
张家鸣	67	76	51	66	65
杨梅华	89	92	86	87	88.5
汤沐化	77	56	77	80	72.5
万科	88	92	96	93	92.25
苏丹平	43	65	67	68	60.75
黄亚非	83	77	55	79	73.5
张倩云	75	81	81	84	80.25

xxx班第一学期成绩表

图 5-18　插入图表后的工作表“Sheet2”

操 作 练 习

（1）建立一个新工作簿文件，在工作表中输入不同类型的数据，使用自动填充功能完成相同或有规律数据的输入。

（2）建立一个新工作簿文件，并进行保存；在工作表中输入图 5-19 中的数据，并制作成图表。

XXX班第一学期成绩表									
编号	学号	姓名	高等数学	大学英语	计算机	大学语文	体育	总分	平均分
1	173821001	吴华	88	96	90	80	83	437	87.4
2	173821002	钱玲	49	73	71	72	75	340	68
3	173821003	张家鸣	67	76	51	66	47	307	61.4
4	173821004	杨梅华	89	92	86	87	83	437	87.4
5	173821005	汤沐化	77	56	77	80	75	365	73
6	173821006	万科	88	92	96	93	88	457	91.4
7	173821007	苏丹平	43	65	67	68	74	317	63.4
8	173821008	黄亚非	83	77	55	79	87	381	76.2
9	173821009	张倩云	75	81	81	84	86	407	81.4
制表人：xxx　2018/3/7　9:14									

图 5-19　习题图

实训 2　Excel 2013 数据管理

实 训 目 的

（1）掌握数据表的排序与筛选。

（2）掌握数据分类汇总的建立方法。

（3）掌握数据透视表的建立方法。

实 训 内 容

【案例 5-4】 数据排序与筛选。

要求：打开上一个实训保存的工作簿“学号+姓名+ex1”，按要求对已创建好的数据表实现排序与筛选。

具体步骤：

（1）按“平均分”降序排列，“平均分”相同时按“学号”升序排列。

① 打开工作簿“学号+姓名+ex1”，单击工作表“Sheet1”，打开“xxx 班第一学期成绩表”，选中 A2:J11 单元格区域，单击“数据”选项卡→“排序与筛选”组→“排序”按钮，弹出“排序”对话框。

② 在“排序”对话框的“主要关键字”下拉列表中选择“平均分”、“降序”；单击“添加条件”按钮，在“次要关键字”下拉列表中选择“学号”、“升序”’如图 5-20 所示，单击“确定”按钮完成操作。

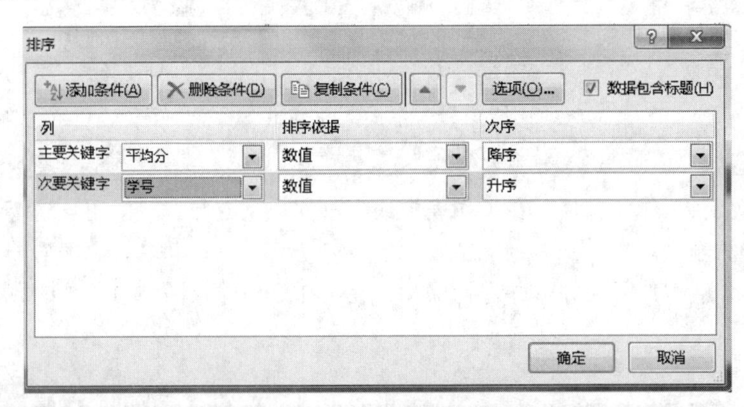

图 5-20 “排序”对话框

③ 选择“文件”→“另存为”命令，然后选择文件保存的位置，以“sjpx1”为文件名保存。排序后的工作表如图 5-21 所示。

	A	B	C	D	E	F	G	H	I	J
1	XXX班第一学期成绩表									
2	编号	学号	姓名	高等数学	大学英语	计算机	大学语文	体育	总分	平均分
3	6	173821006	万科	88	92	96	93	88	457	91.4
4	1	173821001	吴华	88	96	90	80	83	437	87.4
5	4	173821004	杨梅华	89	92	86	87	83	437	87.4
6	9	173821009	张倩云	75	81	81	84	86	407	81.4
7	8	173821008	黄亚非	83	77	55	79	87	381	76.2
8	5	173821005	汤沐化	77	56	77	80	75	365	73
9	2	173821002	钱玲	49	73	71	72	75	340	68
10	7	173821007	苏丹平	43	65	67	68	74	317	63.4
11	3	173821003	张家鸣	67	76	51	66	47	307	61.4
12	制表人：xxx 2018/3/7 9:14									

图 5-21 按“平均分”降序、“学号”升序排序结果

（2）将“平均分”在80～90之间的学生全部显示出来。

① 打开工作簿“学号+姓名+ex1”。

② 选择“文件”→“另存为”命令，然后选择文件保存的位置，以“sjsx1”为文件名保存。

③ 选定数据区域 A2:J11，单击“数据”选项卡→“排序和筛选”组→“筛选”按钮，这时在每个字段旁显示黑色下拉按钮，此箭头称为筛选器按钮，如图5-22所示。

	A	B	C	D	E	F	G	H	I	J
1	XXX班第一学期成绩表									
2	编号	学号	姓名	高等数学	大学英语	计算机	大学语文	体育	总分	平均分
3	1	173821001	吴华	88	96	90	80	83	437	87.4
4	2	173821002	钱玲	49	73	71	72	75	340	68
5	3	173821003	张家鸣	67	76	51	66	47	307	61.4
6	4	173821004	杨梅华	89	92	86	87	83	437	87.4
7	5	173821005	汤沐化	77	56	77	80	75	365	73
8	6	173821006	万科	88	92	96	93	88	457	91.4
9	7	173821007	苏丹平	43	65	67	68	74	317	63.4
10	8	173821008	黄亚非	83	77	55	79	87	381	76.2
11	9	173821009	张倩云	75	81	81	84	86	407	81.4
12	制表人：xxx 2018/3/7 9:14									

图5-22 “自动筛选”结果

④ 单击“平均分”下的筛选器按钮，在弹出的菜单中选择“数字筛选”→“自定义筛选”，弹出“自定义自动筛选方式”对话框，如图5-23所示。

⑤ 在“平均分”下拉列表中选择“大于或等于”，后面的条件框中输入“80”；选择“与”，下面的列表中选择“小于或等于”，条件框中输入“90”，单击“确定”按钮，出现筛选结果，如图5-24所示。

⑥ 选择“文件”→“保存”命令。

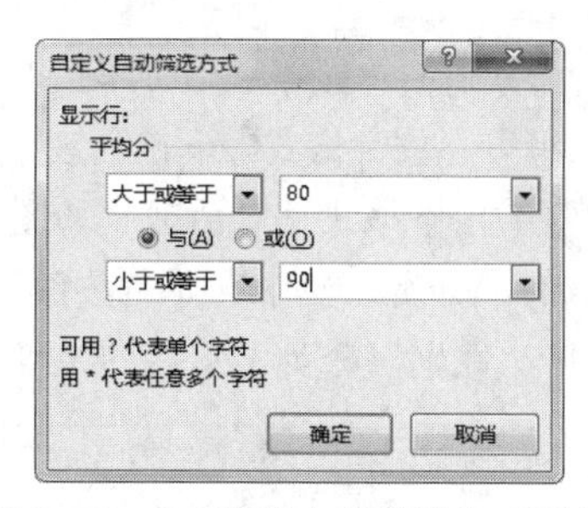

图5-23 “自定义自动筛选”对话框

	A	B	C	D	E	F	G	H	I	J
1	XXX班第一学期成绩表									
2	编号	学号	姓名	高等数学	大学英语	计算机	大学语文	体育	总分	平均分
3	1	173821001	吴华	88	96	90	80	83	437	87.4
6	4	173821004	杨梅华	89	92	86	87	83	437	87.4
11	9	173821009	张倩云	75	81	81	84	86	407	81.4

图5-24 平均分在80～90之间的筛选结果

【案例5-5】分类汇总。

要求：实现数据汇总，分别求出男女生各科成绩的平均值。

具体步骤：

（1）打开文件“学号+姓名+ex1”，将文件另存为“sjhz1”。

（2）在“Sheet1”中，在“姓名”列右侧插入“性别”列，将编号为1,2,4,7,9的学生填写为女同学，其他记录为男同学。

（3）以性别为“主要关键字”，对单元格区域 A2:K11 进行升序排列，如图 5-25 所示。

	A	B	C	D	E	F	G	H	I	J	K
1	XXX班第一学期成绩表										
2	编号	学号	姓名	性别	高等数学	大学英语	计算机	大学语文	体育	总分	平均分
3	3	173821003	张家鸣	男	67	76	51	66	47	307	61.4
4	5	173821005	汤沐化	男	77	56	77	80	75	365	73
5	6	173821006	万科	男	88	92	96	93	88	457	91.4
6	8	173821008	黄亚非	男	83	77	55	79	87	381	76.2
7	1	173821001	吴华	女	88	96	90	80	83	437	87.4
8	2	173821002	钱玲	女	49	73	71	72	75	340	68
9	4	173821004	杨梅华	女	89	92	86	87	83	437	87.4
10	7	173821007	苏丹平	女	43	65	67	68	74	317	63.4
11	9	173821009	张倩云	女	75	81	81	84	86	407	81.4
12	制表人：xxx 2018/3/7 9:14										

图 5-25 按“性别”升序排序结果

（4）选择单元格区域 A2:K11，单击“数据”选项卡→“分级显示”组→“分类汇总”按钮，弹出“分类汇总”对话框。如图 5-26 所示，“分类字段”选择“性别”，“汇总方式”选择“平均值”，“选定汇总项”选中“高等数学”、“大学英语”、“计算机”、“大学语文”和“体育”复选框，单击“确定”按钮。

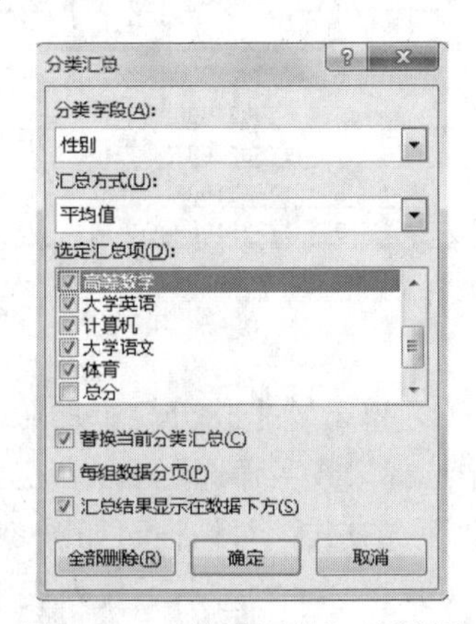

图 5-26 “分类汇总”对话框

（5）选中单元格区域 E14:I14，单击“开始”选项卡→“数字”组→“数字格式”下拉列表中的“其他数字格式”，弹出“设置单元格格式”对话框，如图 5-27 所示，在“数字”选项卡的“分类”栏中选择“数值”，“小数位数”栏填写数字 2。按“性别”分类汇总后的结果如图 5-28 所示。

图 5-27 “数字”选项卡

	A	B	C	D	E	F	G	H	I	J	K
1	XXX班第一学期成绩表										
2	编号	学号	姓名	性别	高等数学	大学英语	计算机	大学语文	体育	总分	平均分
3	3	173821003	张家鸣	男	67	76	51	66	47	307	61.4
4	5	173821005	汤沐化	男	77	56	77	80	75	365	73
5	6	173821006	万科	男	88	92	96	93	88	457	91.4
6	8	173821008	黄亚非	男	83	77	55	79	87	381	76.2
7				男 平均值	78.75	75.25	69.75	79.5	74.25		
8	1	173821001	吴华	女	88	96	90	80	83	437	87.4
9	2	173821002	钱玲	女	49	73	71	72	75	340	68
10	4	173821004	杨梅华	女	89	92	86	87	83	437	87.4
11	7	173821007	苏丹平	女	43	65	67	68	74	317	63.4
12	9	173821009	张倩云	女	75	81	81	84	86	407	81.4
13				女 平均值	68.8	81.4	79	78.2	80.2		
14				总计平均值	73.22	78.67	74.89	78.78	77.56		
15	制表人：xxx 2018/3/7 9:14										

图 5-28 分类汇总后的结果

【案例 5-6】创建数据透视表和数据透视图。

要求：

按照图 5-29 所示的样式修改工作表“Sheet1”。按照修改好的数据表创建一个透视表，要求按所在“班级”进行分页，按“性别”分类统计出“高等数学、大学英语、计算机、大学语文和体育”的平均成绩。

	A	B	C	D	E	F	G	H	I	J	K	L
1	XXX班第一学期成绩表											
2	编号	学号	姓名	性别	班级	高等数学	大学英语	计算机	大学语文	体育	总分	平均分
3	1	173821001	吴华	女	计科1班	88	96	90	80	83	437	87.4
4	2	173821002	钱玲	女	计科2班	49	73	71	72	75	340	68
5	3	173821003	张家鸣	男	计科2班	67	76	51	66	47	307	61.4
6	4	173821004	杨梅华	女	计科1班	89	92	86	87	83	437	87.4
7	5	173821005	汤沐化	男	计科1班	77	56	77	80	75	365	73
8	6	173821006	万科	男	计科2班	88	92	96	93	88	457	91.4
9	7	173821007	苏丹平	女	计科2班	43	65	67	68	74	317	63.4
10	8	173821008	黄亚非	男	计科1班	83	77	55	79	87	381	76.2
11	9	173821009	张倩云	女	计科1班	75	81	81	84	86	407	81.4
12	制表人：xxx 2018/3/7 9:14											

图 5-29 含有“班级”字段的学生成绩表

具体步骤：

（1）打开文件“学号+姓名+ex1”，按图 5-29 所示增加“性别”和“班级”字段，将文件另存为“sjts1”。

（2）选中 A2:L11 单元格区域，选择“插入”选项卡→“数据透视图”→选择“数据透视图”，弹出“创建数据透视表”对话框，如图 5-30 所示。单击“确定”按钮，进入“数据透视表和数据透视图”设置界面。

（3）在图 5-31 所示的“数据透视图字段”任务窗格中，选中“班级”、“性别”、“高等数学”、“大学英语”、“计算机”、“大学语文”及“体育”字段，生成图 5-32 所示的数据表和数据图。

（4）右击“求和项：高等数学”，在弹出的快捷菜单中选择“值字段设置”命令，弹出图 5-33 所示“值字段设置”对话框，在“汇总方式”中选择“平均值”；单击“数字格式”按钮，弹出

“设置单元格格式”对话框，在“分类”中选择“数值”，“小数位数”为 2，单击“确定”按钮；以同样方式分别设置“求和项：大学英语”、“求和项：计算机”、“求和项：大学语文”及“求和项：体育”的汇总方式为“平均值”，在“设置单元格格式”对话框中将“分类”设为“数值”，“小数位数”为 2，生成图 5-34 所示数据透视表和数据透视图。

图 5-30 “创建数据透视表”对话框

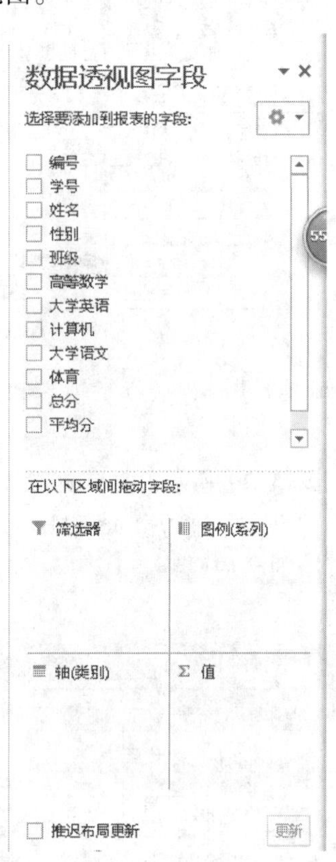

图 5-31 “数据透视图字段”任务窗格

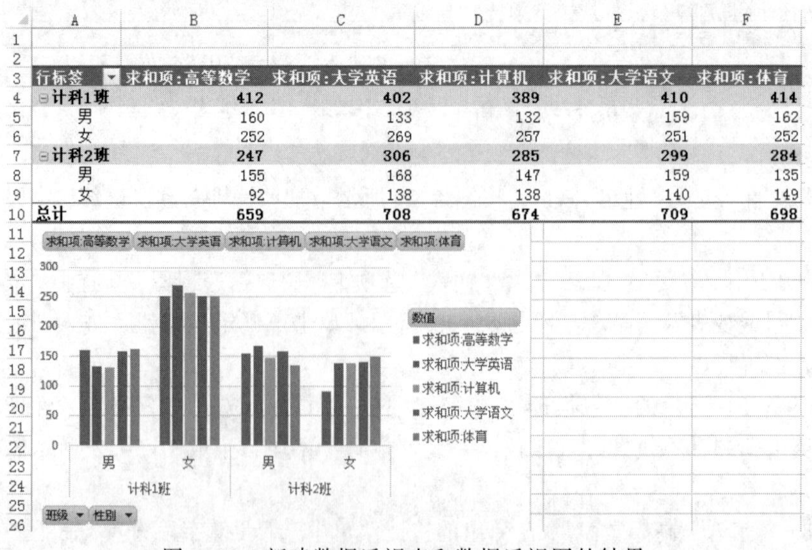

行标签	求和项:高等数学	求和项:大学英语	求和项:计算机	求和项:大学语文	求和项:体育
计科1班	**412**	**402**	**389**	**410**	**414**
男	160	133	132	159	162
女	252	269	257	251	252
计科2班	**247**	**306**	**285**	**299**	**284**
男	155	168	147	159	135
女	92	138	138	140	149
总计	**659**	**708**	**674**	**709**	**698**

图 5-32 新建数据透视表和数据透视图的结果

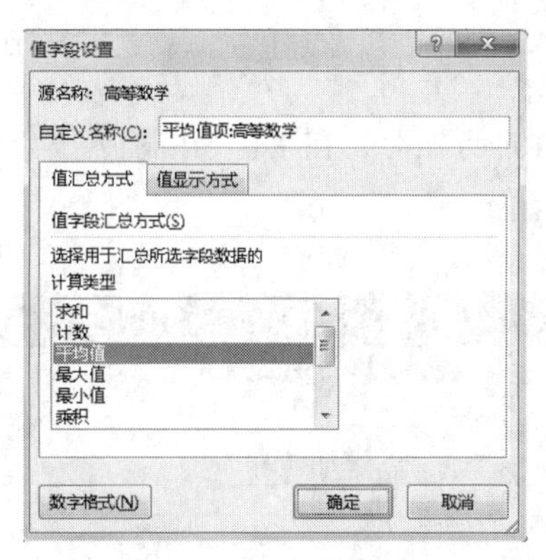

图 5-33　“值字段设置”对话框

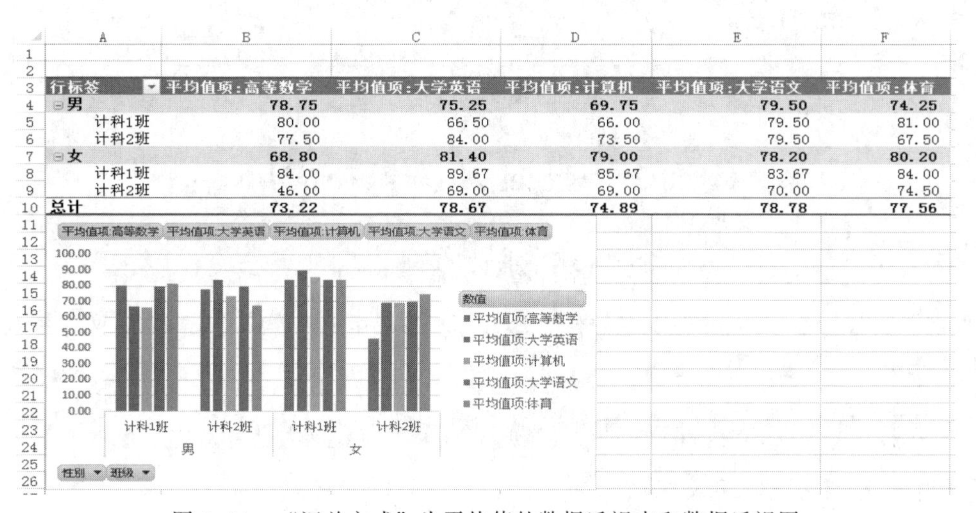

行标签	平均值项:高等数学	平均值项:大学英语	平均值项:计算机	平均值项:大学语文	平均值项:体育
⊟男	78.75	75.25	69.75	79.50	74.25
计科1班	80.00	66.50	66.00	79.50	81.00
计科2班	77.50	84.00	73.50	79.50	67.50
⊟女	68.80	81.40	79.00	78.20	80.20
计科1班	84.00	89.67	85.67	83.67	84.00
计科2班	46.00	69.00	69.00	70.00	74.50
总计	73.22	78.67	74.89	78.78	77.56

图 5-34　“汇总方式”为平均值的数据透视表和数据透视图

（5）在“数据透视表字段”视图中，将“班级”字段拖动至“筛选器”，将“Σ数值”拖动至“轴（类别）”，将“性别”拖动至“图例（系列）”，生成图 5-35 所示的筛选后的数据透视表和数据透视图。

（6）可以单击“班级”筛选按钮，在下拉列表中选择“计科 1 班”和“计科 2 班”，分别对 2 个班级的数据透视表和数据透视图进行查看。

（7）选择“文件”→“另存为”命令，选择文件的保存位置，以“sjts2”保存文件。

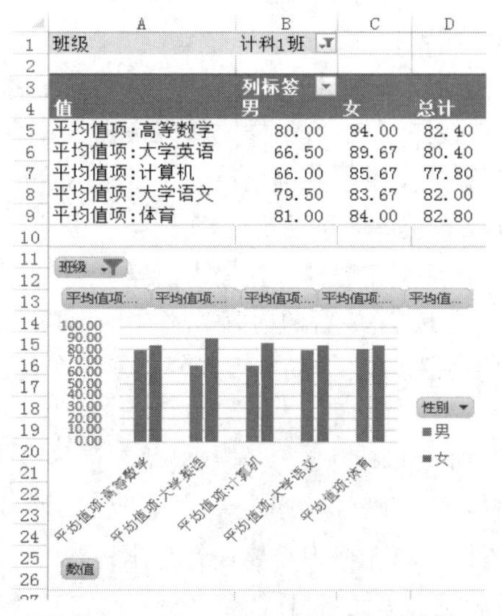

班级	计科1班		
	列标签		
值	男	女	总计
平均值项:高等数学	80.00	84.00	82.40
平均值项:大学英语	66.50	89.67	80.40
平均值项:计算机	66.00	85.67	77.80
平均值项:大学语文	79.50	83.67	82.00
平均值项:体育	81.00	84.00	82.80

图 5-35　按“班级”进行筛选后的数据透视表和数据透视图

操作练习

建立一个新工作簿文件，并进行保存；在工作表中输入图 5-36 所示的数据，并将平均分进行升序排序。

	A	B	C	D	E	F	G	H	I	J	K
1	XXX班第一学期成绩表										
2	编号	学号	姓名	性别	高等数学	大学英语	计算机	大学语文	体育	总分	平均分
3	3	173821003	张家鸣	男	67	76	51	66	47	307	61.4
4	5	173821005	汤沐化	男	77	56	77	80	75	365	73
5	6	173821006	万科	男	88	92	96	93	88	457	91.4
6	8	173821008	黄亚非	男	83	77	55	79	87	381	76.2
7	1	173821001	吴华	女	88	96	90	80	83	437	87.4
8	2	173821002	钱玲	女	49	73	71	72	75	340	68
9	4	173821004	杨梅华	女	89	92	86	87	83	437	87.4
10	7	173821007	苏丹平	女	43	65	67	68	74	317	63.4
11	9	173821009	张倩云	女	75	81	81	84	86	407	81.4
12	制表人：xxx 2018/3/7 9:14										

图 5-36

实训 3 Excel 2013 综合应用

实训目的

考查学生综合运用 Excel 的能力，利用 Excel 2013 制作一张完整的成绩表，文件名为“学号+姓名+Excel 综合”。

实训内容

【案例 5-7】数据输入和格式化。

要求：

如图 5-37 所示，输入成绩表的数据，对成绩表进行格式化。

具体步骤：

（1）新建工作簿，以“学号+姓名+Excel 综合”为文件名保存。

（2）按图 5-37 所示样式输入数据，注意以下几个问题：

① 输入文字前先定位单元格，输入完一个单元格内容后，按【Tab】键横向移动单元格，按【Enter】键纵向移动单元格。

② 自动填充数据。在输入“学号”“性别”列数据时使用自动填充。

③ 第 1、2、3 行的内容分别在单元格“A1”、“A2”、“A3”中输入，“缺考学生姓名：”、“任课教师签名”、“教研室主任签名”、“院系负责人签名”、“班级总人数”、“缺考人数”分别在单元格“H15”、“H18”、“H19”、“H20”、“E19”、“E20”中输入。

④ 加“下画线”。文字和空格下的下画线在输入文字和空格后利用“开始”选项卡→“字体”组中的“U”按钮设置。

⑤ 同一单元格内需要换行显示内容时，按【Alt+Enter】组合键进行换行操作。

（3）设置单元格格式。

① 合并单元格。逐行对“A1:L1”、“A2:L2”、“A3:L3”、“A15:G15”、“A16:B16”、“A17:B17”、

“A18:B18”、“A19:C19”、“A20:C20”、“E19:F19”、“E20:F20”、“H15:L17”、“H18:J18”、“H19:J19”、“H20:J20”、“K18:L18”、“K19:L19”、“K20:L20”单元格区域进行“合并后居中”操作。

	A	B	C	D	E	F	G	H	I	J	K	L
1	xxx班学生成绩报告表											
2	专业班级：_____　_____/_____学年_____学期						考试时间：_____年___月___日					
3	考试（查）课程：__________课程编号：__________学时：________学分：											
4	学号	姓名	性别	平时成绩 20%	期末成绩 80%	总评	学号	姓名	性别	平时成绩 20%	期末成绩 80%	总评
5	176231001	赵志军	男	70	95		176231011	王孟	女	80	78	
6	176231002	于铭	男	75	90		176231012	马会爽	女	60	66	
7	176231003	许炎锋	男	70	88		176231013	史晓赟	女	90	55	
8	176231004	王嘉	男	90	89		176231014	刘燕凤	女	85	89	
9	176231005	李新江	男	60	96		176231015	齐飞	女	60	80	
10	176231006	郭海英	男	75	90		176231016	张娟	女	85	86	
11	176231007	马淑恩	男	85	68		176231017	潘成文	女	65	54	
12	176231008	王金科	男	95	98		176231018	邢易	女	45	56	
13	176231009	李东慧	男	45	65		176231019	谢枭豪	女	90	89	
14	176231010	张宁	男	80	70		176231020	胡洪静	女	95	89	
15	成绩分析							缺考学生姓名：				
16	总评成绩		90-100 优秀	80-89 良好	70-79 中等	60-69 及格	0-59 不及格					
17	人数											
18	%							任课教师姓名				
19	最高分				班级总人数			教研室主任签名				
20	最低分				缺考人数			院系负责人签名				
21	注：1、考试课成绩（平时、期末、总评）按百分制填写，考查课成绩在总评栏按五级制填写； 2、此表由任课教师将平时成绩于考试一周前交课程负责单位，并由责任单位组织填写完整。											

图 5-37　成绩表数据

② 设置单元格对齐方式。选中单元格“A1”、单元格区域“A4:L20”，单击“开始”选项卡→“单元格”组→“格式”下拉按钮，在打开的下拉列表中选择“设置单元格格式”，在弹出的“设置单元格格式”对话框中选择“对齐”选项卡，“水平对齐”选择“居中”，“垂直对齐”选择“居中”。

③ 设置字体、字号。利用“开始”选项卡→“字体”组中的相应图标和下拉列表，将“xxx班学生成绩报告表”的字体设置为“黑体”、“字号”设置为“18”；将单元格区域“A2:L20”的字体设置为“宋体”、“字号”设置为 10。

（4）设置表格边框。选定单元格区域“A4:L20”，单击“开始”选项卡→“单元格”组→“格式”下拉按钮，在打开的下拉列表中选择“设置单元格格式”，在弹出的“设置单元格格式”对话框中选择“边框”选项卡，选定“预置”栏中的“外边框”、“内部”图标，单击“确定”按钮。

（5）调整工作表的行高和列宽。选定单元格区域“A1:L21”，单击“开始”选项卡→“单元格”组→“格式”下拉按钮，在打开的下拉列表中分别选择“自动调整行高”和“自动调整列宽”。

【案例 5-8】公式和函数的使用。

要求：

自编函数和公式对成绩表的空白区域进行填写（包括总评、优秀、良好、中等、及格、不及格人数、百分比、最高分、最低分、班级总人数）。

具体步骤：

（1）利用公式求“总评”成绩。

① 在 F5 单元格中输入“=D5*0.2+E5*0.8”，按【Enter】键完成公式输入。

② 使用“自动填充”功能填充单元格 F6:F14。

③ 复制 F5 单元格内容到 L5 单元格，然后自动填充 L6:L14。

（2）利用函数求优秀、良好、中等、及格和不及格人数。

① 选中单元格 C17，单击“插入”选项卡→“函数库”组→“插入函数”按钮，弹出“插入函数”对话框，如图 5-38 所示。

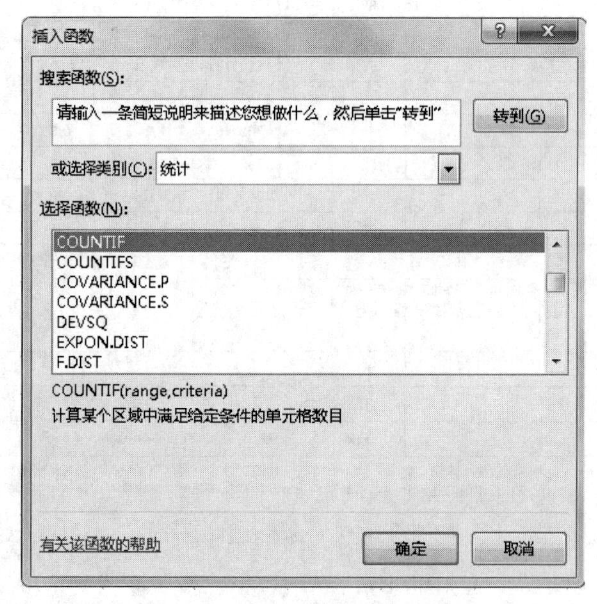

图 5-38 “插入函数”对话框

② 在“插入函数”对话框的“或选择类别”下拉列表中选择“统计”，在“选择函数”列表框中选择“COUNTIF”函数，单击“确定”按钮，弹出“函数参数”对话框，如图 5-39 所示。

③ 在“Range”文本框中输入单元格区域 F5:F14，或单击文本框后的按钮直接选择单元格区域 F5:F14；在“Criteria”文本框中输入“>=90”，单击“确定”按钮。

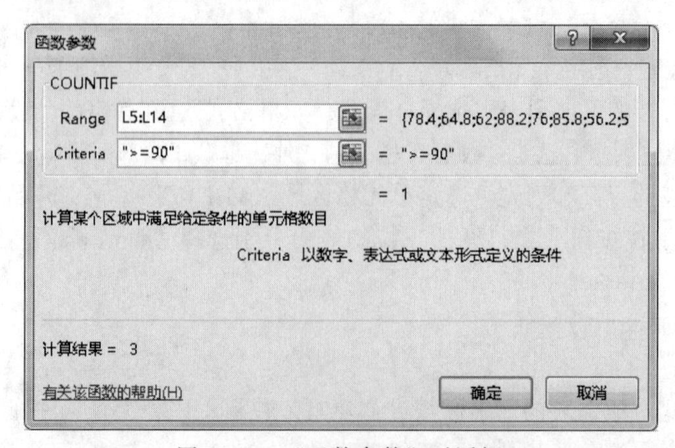

图 5-39 “函数参数”对话框

在单元格 C17 编辑栏的公式“=COUNTIF(F5:F14,">=90")”后输入“+”号，重复上述操作得到函数“COUNTIF(F5:F14,">=90")”，即最终单元格 C17 编辑栏的公式为“=COUNTIF(F5:F14,">=90")+COUNTIF(L5:L14,">=90")”。

④ 用同样的方法分别在单元格“D17”、“E17”、“F17”、“G17”中编辑公式求出“总评”成绩中“良好”、“中等”、“及格”和“不及格”的人数，函数如下：

良好成绩人数：“=COUNTIF(F5:F14,">=80")+COUNTIF(L5:L14,">=80")-C17”

中等成绩人数：“=COUNTIF(F5:F14,">=70")+COUNTIF(L5:L14,">=70")-C17-D17”

及格成绩人数：“=COUNTIF(F5:F14,">=60")+COUNTIF(L5:L14,">=60")-C17-D17-E17”

不及格成绩人数：“=COUNTIF(F5:F14,"<60")+COUNTIF(L5:L14,"<60")”

（3）利用“条件格式”标记不及格分数。选中单元格区域“F5:F14”以及“L5:L14”单元格，单击“开始”选项卡→“样式”组→“条件格式”下拉按钮，在弹出的下拉列表中选择“突出显示单元格规则”→“小于”，如图 5-40 所示。弹出图 5-41 所示“小于”对话框，在“为小于以下值的单元格设置格式”中填写“60”，“设置为”选择“浅红填充色深红色文本”，生成图 5-42 所示的效果图。

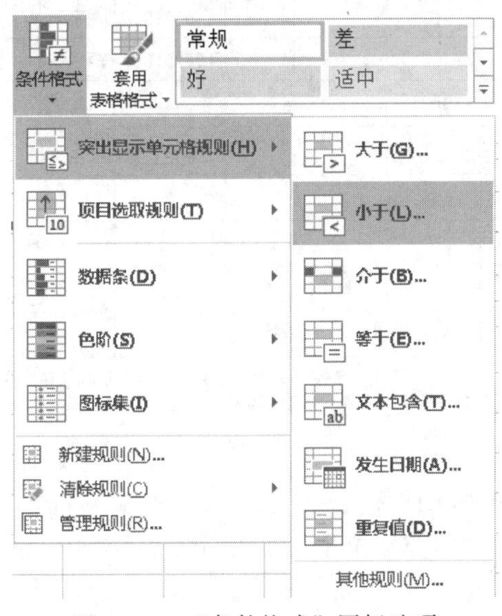

图 5-40　“条件格式”图标选项

图 5-41　“小于”对话框

（4）利用函数求最高分、最低分、班级总人数。分别在 D19、D20、G19 单元格右击，在弹出的快捷菜单中选择“插入函数”命令，弹出“插入函数”对话框，选择“MAX”、“MIN”、“COUNT”函数，单击“确定”按钮，在弹出的“函数参数”对话框中，分别在“Number1”、“Number2”、

“Number1”、“Number2”、“Value1”、“Value2”右边的文本框中输入“F5:F14”、“L5:L14”、“F5:F14”、“L5:L14”、“A5:A15”、“G5:G14”，单击“确定”按钮，求出最高分、最低分、班级总人数。

	A	B	C	D	E	F	G	H	I	J	K	L
1	湖北科技学院学生成绩报告表											
2	专业班级：______ ______/______学年______学期							考试时间：______年____月____日				
3	考试（查）课程：____________课程编号：____________学时：__________学分：											
4	学号	姓名	性别	平时成绩 20%	期末成绩 80%	总评	学号	姓名	性别	平时成绩 20%	期末成绩 80%	总评
5	176231001	赵志军	男	70	95	90	176231011	王孟	女	80	78	78.4
6	176231002	于铭	男	75	90	87	176231012	马会爽	女	60	66	64.8
7	176231003	许炎锋	男	70	88	84.4	176231013	史晓赟	女	90	55	62
8	176231004	王嘉	男	90	89	89.2	176231014	刘燕凤	女	85	89	88.2
9	176231005	李新江	男	60	96	88.8	176231015	齐飞	女	60	80	76
10	176231006	郭海英	男	75	90	87	176231016	张娟	女	85	86	85.8
11	176231007	马淑恩	男	85	68	71.4	176231017	潘成文	女	65	54	56.2
12	176231008	王金科	男	95	98	97.4	176231018	邢易	女	45	56	53.8
13	176231009	李东慧	男	45	65	61	176231019	谢枭豪	女	90	89	89.2
14	176231010	张宁	男	80	70	72	176231020	胡洪静	女	95	89	90.2
15	成绩分析							缺考学生姓名：				
16	总评成绩		90-100 优秀	80-89 良好	70-79 中等	60-69 及格	0-59 不及格					
17	人数		3	8	4	3	2					
18	%		15	40	20	15	10	任课教师姓名				
19	最高分			97.4	班级总人数		20	教研室主任签名				
20	最低分			53.8	缺考人数			院系负责人签名				
21	注：1、考试课成绩（平时、期末、总评）按百分制填写，考查课成绩在总评栏按五级制填写； 2、此表由任课教师将平时成绩于考试一周前交课程负责单位，并由责任单位组织填写完整。											

图 5-42 “条件格式”设置效果图

（5）用公式求百分比。选择 C18 单元格，在编辑栏中输入“=C17/$G$19*100”求出“优秀”人数百分比，然后利用“自动填充”求出其他百分比（$G$19 代表对 G19 单元格数据的绝对引用）。

【案例 5-9】制作图表。

要求：

按总评等级制作分布饼状图，图表类型设为“分离型三维饼图”，“系列产生在”为“行”，图表标题为“成绩分布图”，图例位置在“右侧”，数据标签包括“类别名称”和“百分比”。

具体步骤：

（1）选定 C17:G18 单元格区域，单击“插入”选项卡→“图表”组→按钮，在弹出的下拉列表中选择“更多饼图”，在弹出的“插入图表”对话框中选择“三维饼图”，单击“确定”按钮，生成原始三维饼图。单击“快速布局”按钮，选择“布局 6”，双击选定“图表标题”更改为“成绩分布图”，生成图 5-43 所示的三维饼图。

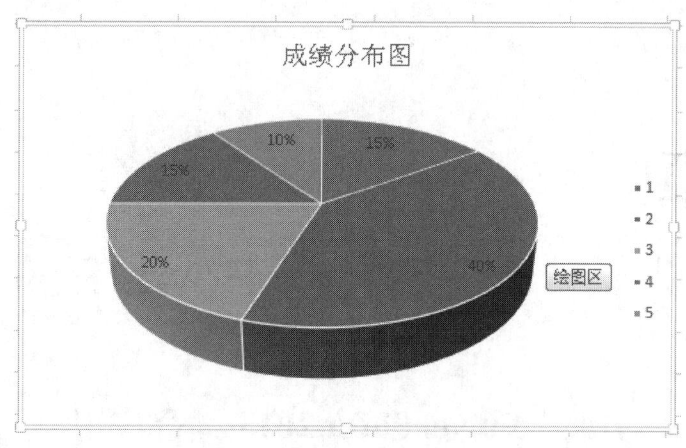

图 5-43 "成绩分布图"三维饼图

（2）选中图表中的"绘图区"，在"格式"工具栏的"数据"框中选择"选择数据"，在弹出的"选择数据源"对话框中，单击"水平（分类）轴标签"选项下的"编辑"按钮，弹出"轴标签编辑"对话框，输入"=Sheet1!$C$16:$G$16"或者单击"编辑"按钮，选择 C16:G16 单元格区域，单击"确定"按钮。右击绘图区，在弹出的快捷菜单中选择"设置数据系列"命令，在打开的任务窗格中将"饼图分离程度"设为"30%"。

（3）右击饼图，在弹出的快捷菜单中选择"设置数据标签格式"命令，在打开的任务窗格中单击"标签格式"按钮，在"标签包括"中选中"类别名称"、"百分比"、"显示引导线"，在"标签位置"中选中"数据标签外"。

（4）适当调整图表的位置和大小。选中图表，图表的边框会出现 8 个控制尺寸的手柄，将鼠标指针移动至尺寸手柄处，鼠标指针变为双箭头，再按住鼠标左键拖动即可调整图表大小。在图表其他部位按住鼠标左键可以调整图表位置，最终生成图 5-44 所示的三维饼图。

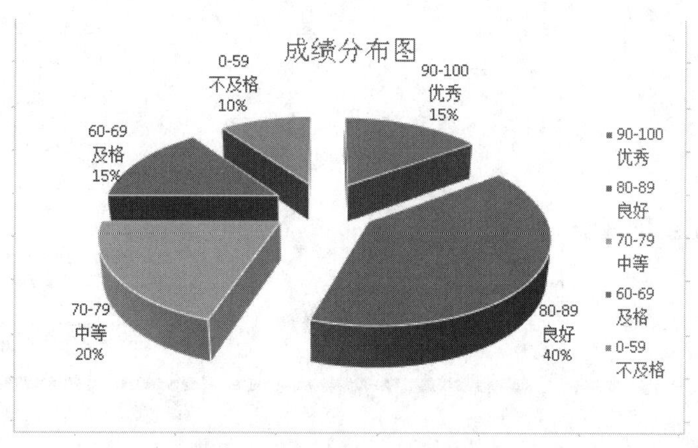

图 5-44 成绩分布饼图

操 作 练 习

建立一个新工作簿命名为"××学期期末成绩表"，并进行保存；在工作表中输入"学号、姓名、性别、高数、计算机、大学语文、体育"字段（数据输入 20 条）；数据输入完之后插入 2 列，输入"总分、平均分"两个字段，然后求出总分、平均分。

第6章

PowerPoint 2013

实训 PowerPoint 2013 综合应用

实 训 目 的

（1）掌握幻灯片的修改和编辑方法。

（2）掌握在幻灯片中插入各种对象（如文本框、图片、SmartArt 图形、形状、超链接等）的方法。

（3）掌握动画效果的添加和设置方法。

（4）掌握多媒体对象的插入和设置方法。

（5）学会幻灯片的放映方法，理解不同的显示方式。

实 训 内 容

【**案例 6-1**】采用“空演示文稿”方法创建“毕业论文答辩.pptx”演示文稿，创建完成的演示文稿如图 6-1 所示。

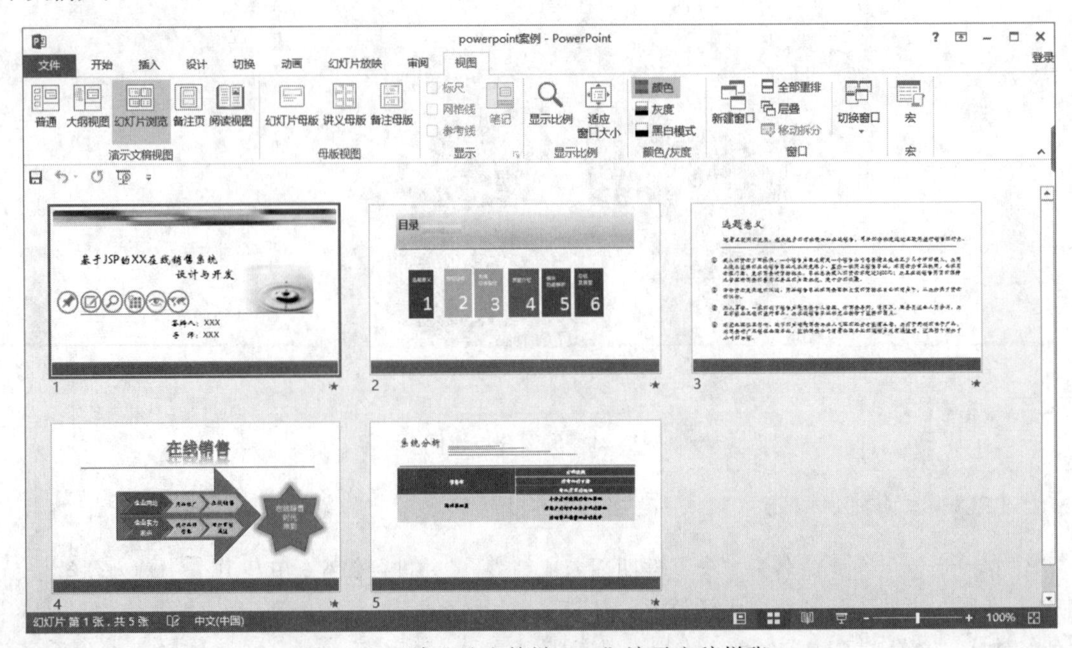

图 6-1 “毕业论文答辩.pptx”演示文稿样张

要求：

（1）幻灯片的修改和编辑方法；文本框、图片、SmartArt 图形、形状、超链接。

（2）动画效果的添加和设置。

（3）多媒体对象的插入和设置；幻灯片的放映。

具体步骤：

（1）新建演示文稿。选择“开始”→“所有程序”→“Microsoft Office 2013”→“PowerPoint 2013”命令，启动 PowerPoint2013，建立新的演示文稿。

（2）新建幻灯片。单击“开始”选项卡中的“新建幻灯片”按钮新建幻灯片。

（3）幻灯片版式设置。新建演示文稿时的第 1 页幻灯片，默认采用“标题幻灯片”版式。直接单击“新建幻灯片”按钮新建的演示文稿，默认采用了“标题和内容”的版式。针对本例，无须再进行幻灯片版式设置。如需修改，可在左侧导航栏选择相应幻灯片，单击打开“开始”选项卡“新建幻灯片”下拉按钮，根据预览效果选择版式，如图 6-2 所示。

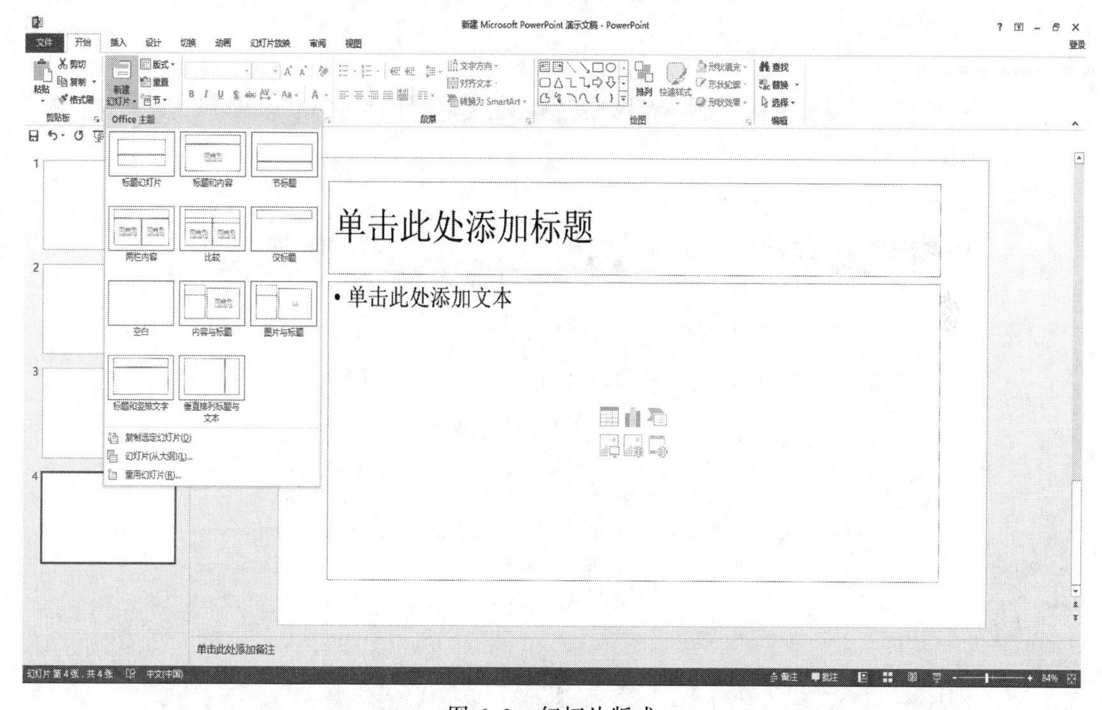

图 6-2　幻灯片版式

（4）选择“设计”选项卡，可以看到 Microsoft PowerPoint 2013 提供了各种各样的幻灯片设计效果。直接单击，即可将设计效果应用到幻灯片。本例中，所采用的是顺数第 4 个设计样式“回顾”。应用后，每张幻灯片都根据各自的版式，应用了“回顾”设计样式。然后在“变体”组应用第二行第一个颜色样式，如图 6-3 所示。

（5）编辑幻灯片。

① 首页幻灯片。对于首页幻灯片，需要完成文本录入和格式设置、图片插入和设置以及动画设置 3 个步骤，设置完成效果如图 6-4 所示。

a. 文本录入和格式设置。在首页幻灯片的标题文本框中，录入课题名称“基于 JSP 的 XX

在线销售系统设计与开发”。选中标题文字，在“开始”选项卡→“字体”组→“字形”下拉列表中选择“华文新魏”，“字号”下拉列表中选择“60”，并设置文字阴影效果，如图 6-5 所示。

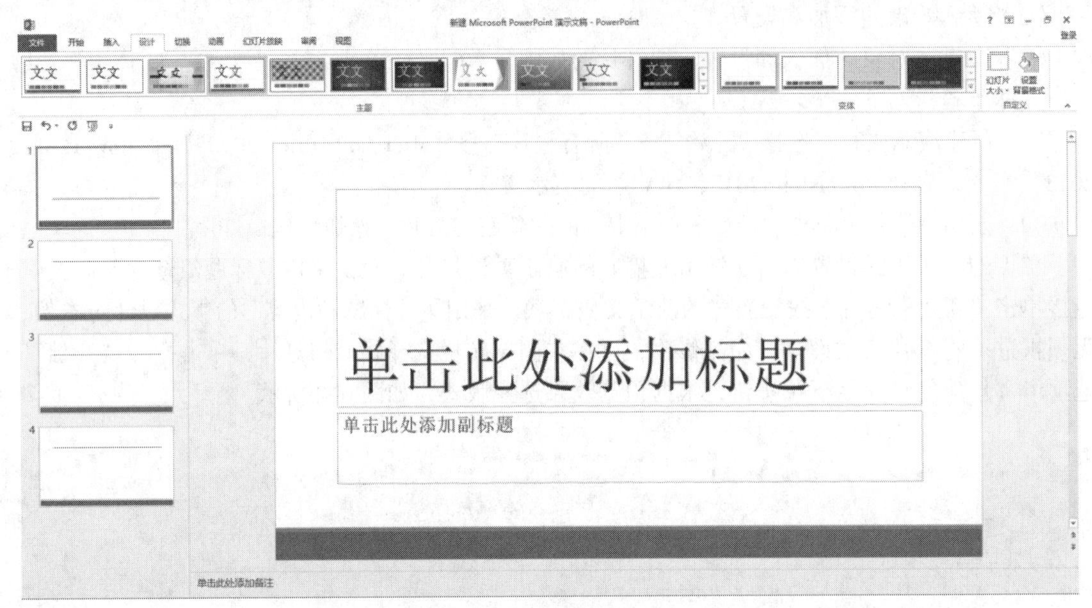

图 6-3 设计幻灯片

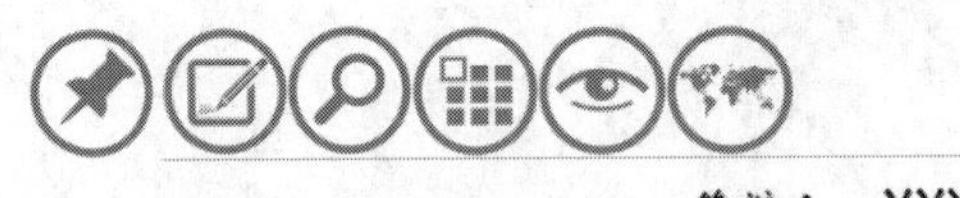

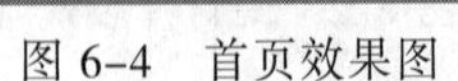

图 6-4 首页效果图

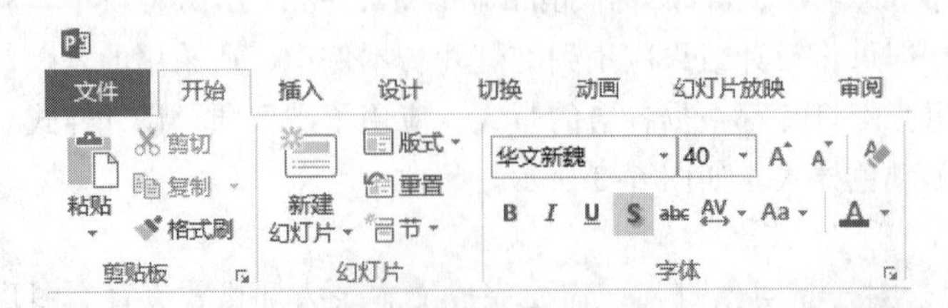

图 6-5 标题文字设置

b. 图片插入和设置。单击“插入”选项卡→“图像”组→“图片”按钮，如图 6-6 所示。

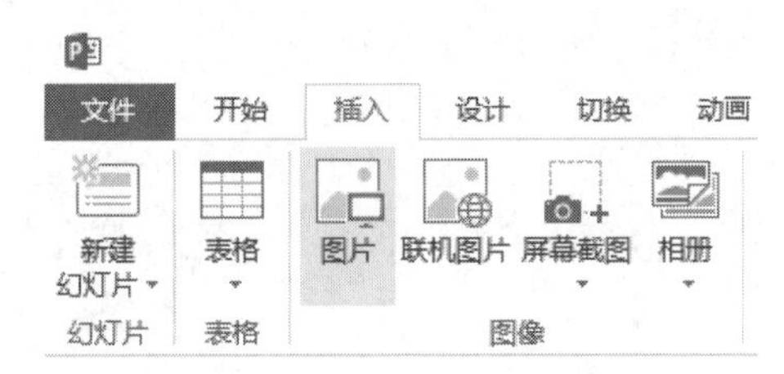

图6-6　插入图片

c．插入修饰首页的图片。选择准备好的修饰首页的图片插入，调整图片的位置和大小。

d．动画设置。选择“动画”选项卡，对标题文字下面的图片设置“切入”动画效果，如图6-7所示。

图6-7　图片动画设置

② 编辑第2页幻灯片。对于第2页幻灯片，需要完成标题文本录入和格式设置，正文文本录入和格式设置，文本框设置、图形绘制以及超链接设置等5个步骤，设置完成效果如图6-8所示。

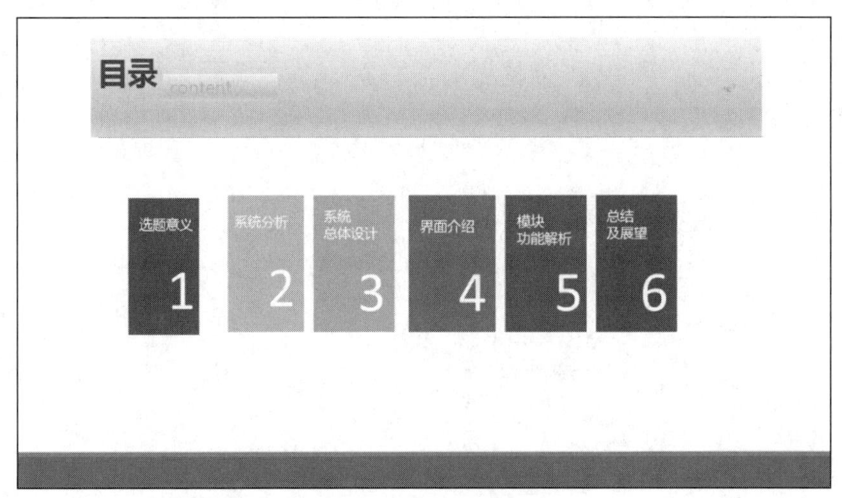

图6-8　第2页效果图

a．标题文本录入和格式设置。在第2页幻灯片的标题文本框中，录入“目录”。选中标题文字，字体设置为“微软雅黑”、字号设置为“36”，并设置“文字颜色”为“黑色”，“文字对齐”为“左对齐”。

b．文本框设置。在目录的右侧插入一个横排文本框，录入“content”。为了凸显内容文本框，需要设置文本框的填充颜色。操作方法为选中“目录”文本框，右击，在弹出的快捷菜单中选择“设置形状格式”命令，在弹出的任务窗格中，设置“填充”为“渐变填充”，如图6-9所示。

c．图形绘制。在页面的中间，绘制六个矩形，并完成文字录入。操作方法为打开“插入”选项卡，在“形状”下拉列表中选择“矩形”，到幻灯片页面上，进行绘制，如图6-10所示。

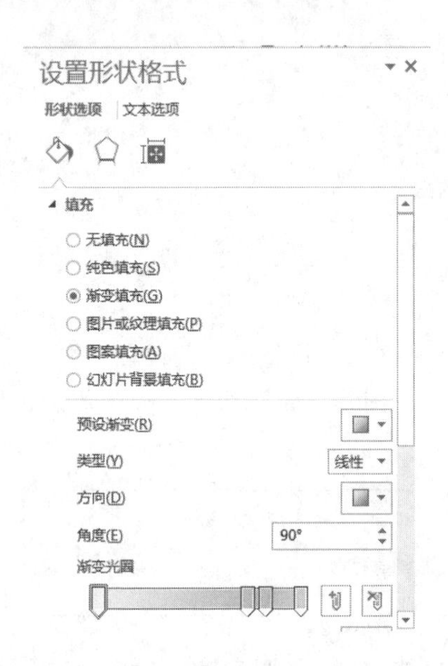

图 6-9 设置文本框填充颜色

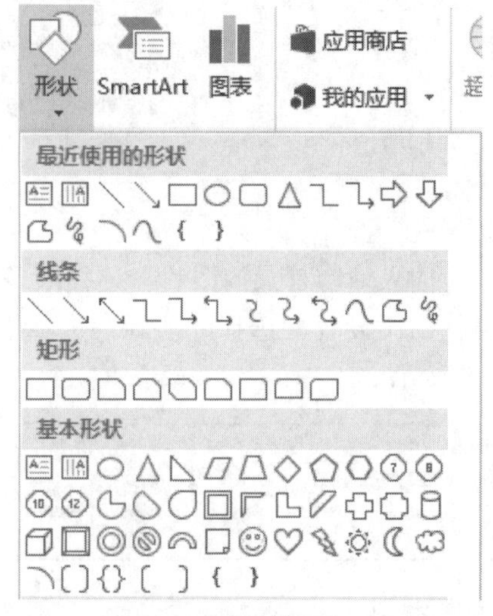

图 6-10 绘制矩形

d. 选中绘制好的矩形形状，在第一个矩形上右击，在弹出的快捷菜单中选择“设置形状格式”命令，设置形状的“填充”为“红色”，其他几个矩形可依次设置不同颜色，如图 6-11 所示。

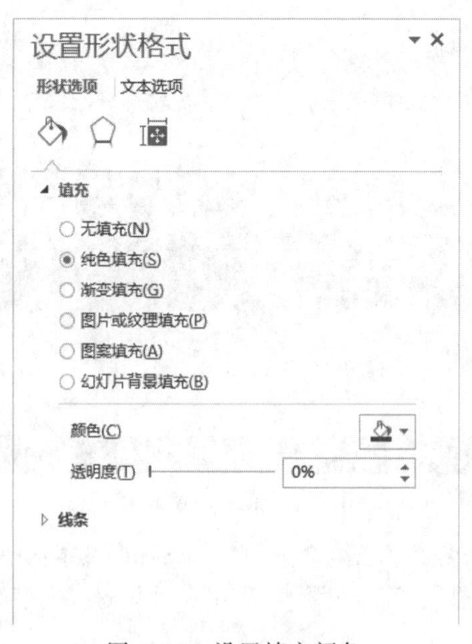

图 6-11 设置填充颜色

e. 超链接设置。在 PowerPoint 中，超链接可以连接到幻灯片、文件、网页或电子邮件地址等。超链接本身可能是文本或对象（如图片、图形或艺术文字）。如果链接指向另一张幻灯片，目标幻灯片将显示在 PowerPoint 演示文稿中，如果它指向某个网页、网络位置或不同类型的文件，则会在 Web 浏览器中显示目标页或在相应的应用程序中显示目标文件。超链接设置的方法为选中文字“选题意义”，右击，在弹出的快捷菜单中选择“超链接”命令。在弹出的对话框中，

“链接到”选择“本文档中的位置”，“请选择文档中的位置”选择“幻灯片 3”，如图 6-12 所示。其他目录章节可参照进行设置。

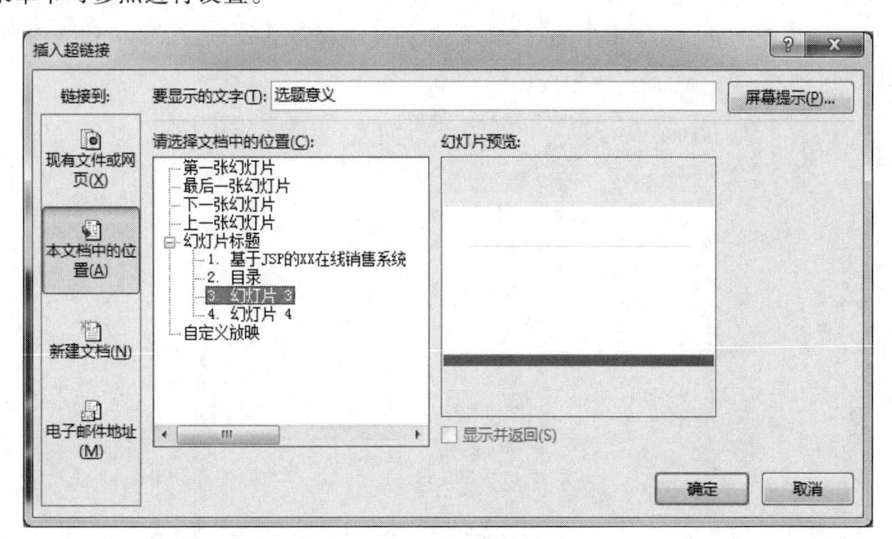

图 6-12　超链接设置

③ 编辑第 3 页幻灯片。对于第 3 页幻灯片，需要完成标题文本录入和格式设置、正文文本录入和格式设置，动画设置等 3 个步骤，设置完成效果如图 6-13 所示。

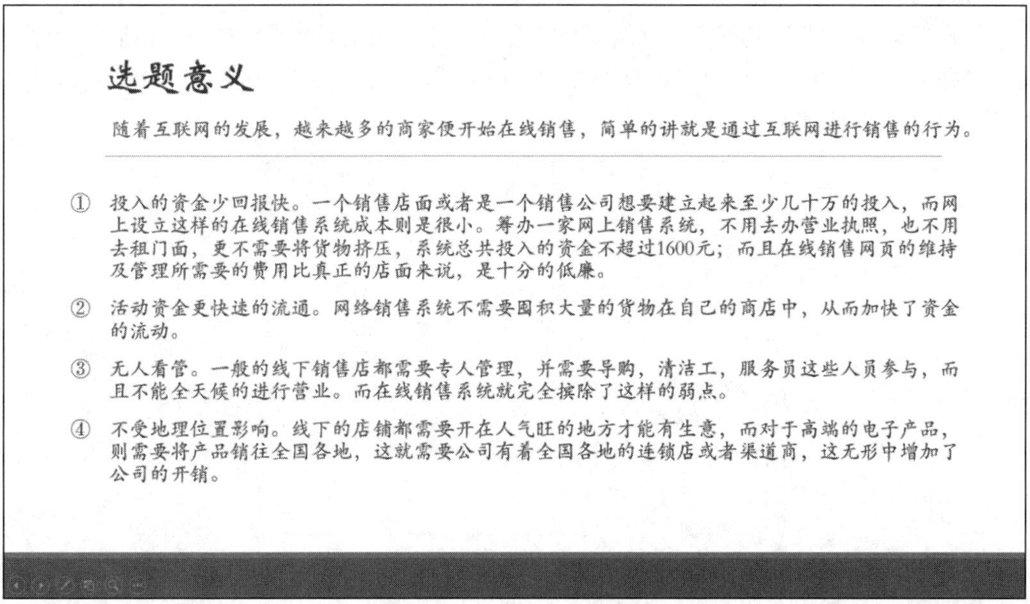

选题意义

随着互联网的发展，越来越多的商家便开始在线销售，简单的讲就是通过互联网进行销售的行为。

① 投入的资金少回报快。一个销售店面或者是一个销售公司想要建立起来至少几十万的投入，而网上设立这样的在线销售系统成本则是很小。筹办一家网上销售系统，不用去办营业执照，也不用去租门面，更不需要将货物挤压，系统总共投入的资金不超过1600元；而且在线销售网页的维持及管理所需要的费用比真正的店面来说，是十分的低廉。

② 活动资金更快速的流通。网络销售系统不需要囤积大量的货物在自己的商店中，从而加快了资金的流动。

③ 无人看管。一般的线下销售店都需要专人管理，并需要导购，清洁工，服务员这些人员参与，而且不能全天候的进行营业。而在线销售系统就完全摈除了这样的弱点。

④ 不受地理位置影响。线下的店铺都需要开在人气旺的地方才能有生意，而对于高端的电子产品，则需要将产品销往全国各地，这就需要公司有着全国各地的连锁店或者渠道商，这无形中增加了公司的开销。

图 6-13　第 3 页效果图

a．标题文本录入和格式设置。在第 3 页幻灯片的标题文本框中，录入“选题意义”。选中标题文字，打开“开始”选项卡，在“字体”下拉列表中将字体设置为“华文新魏”、在“字号”下拉列表中选择“36”，并设置“文字颜色”为“黑色”，“文字对齐”为“左对齐”。

b．正文文本录入和格式设置。在第 3 页幻灯片的内容文本框中，录入效果图所示的文本内容。根据文本内容，调整文本框的高度和宽度。全选文字，打开“开始”选项卡，在“字体”

下拉列表中将字体设置为“华文楷体”，在“字号”下拉列表中选择“16”，“文字对齐”方式设置为“左对齐”。参照效果图样式，将相应的文字设置颜色为“黑色”。修改项目符号样式，选中录入文本，单击“开始”选项卡中的“编号”按钮，选择带圈编号样式，并设置颜色为“红色”，如图 6-14 所示。

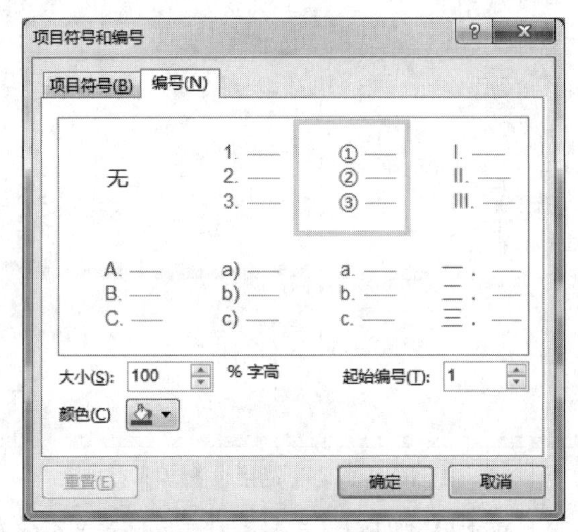

图 6-14　项目符号和编号设置

c. 动画设置：打开“动画”选项卡，对幻灯片页下方的正文部分文字“投入的资金少回报快……”设置动画效果“擦除”。在右侧动画窗格中，在该动画设置上右击，在弹出的快捷菜单中选择“效果选项”命令，弹出“效果选项”对话框，设置方向为“自左侧”，如图 6-15 所示。其他部分文字可参照进行设置动画效果。

图 6-15　动画效果设置

④ 编辑第 4 页幻灯片。对于第 4 页幻灯片，需要完成标题文本录入和格式设置，艺术字插入，形状和 SmartArt 图形应用，以及动画设置等 4 个步骤，设置完成效果如图 6-16 所示。

a. 插入艺术字。首先删除原本的标题文本框，打开“插入”选项卡，在“艺术字”下拉列表中选择“填充-蓝色，着色 2，轮廓-着色 2”的艺术字样式，如图 6-17 所示，设置完成后录入文本“在线销售”。

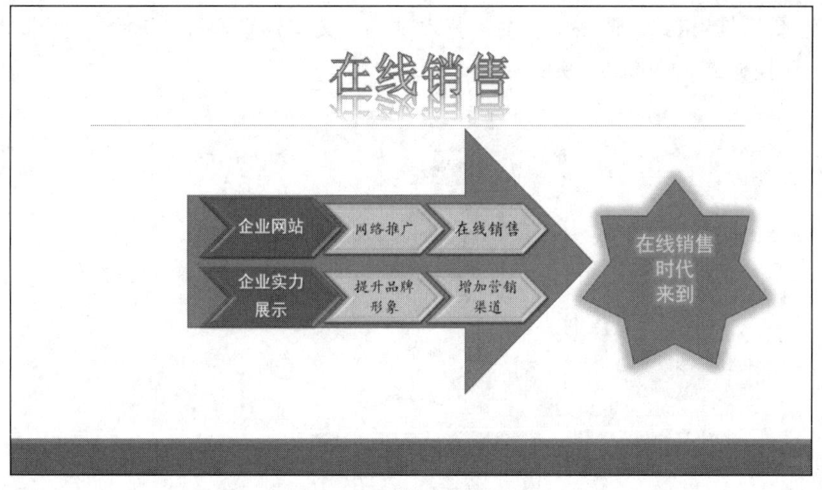

图 6-16　第 4 页效果图

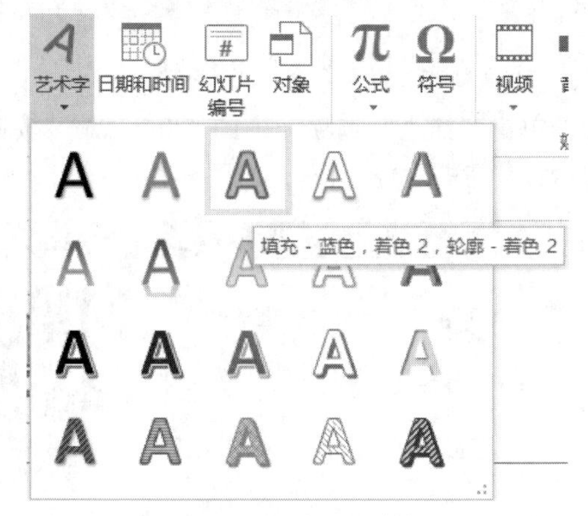

图 6-17　设置艺术字

b. 选中插入的艺术字，打开“绘图工具-格式”选项卡，设置艺术字的“文本填充”为“纹理”，并选择“水滴”纹理样式，如图 6-18 所示。

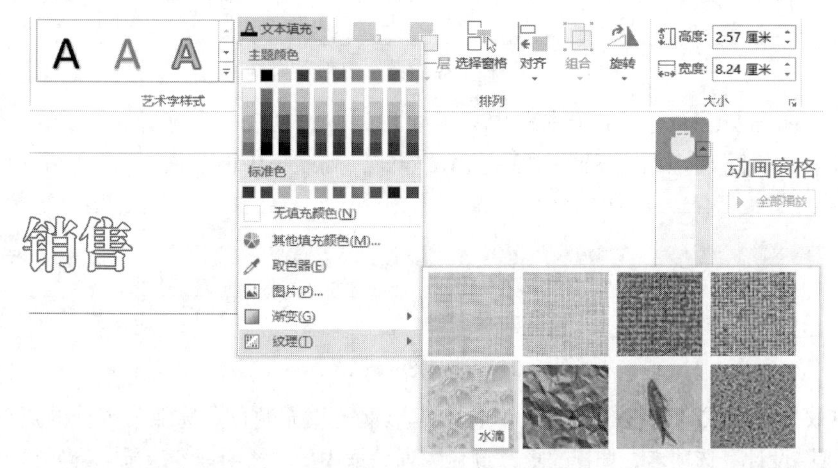

图 6-18　艺术字文本填充

c．在“绘图工具-格式”选项中，设置艺术字的“文本效果”为“映像”，并选择“半映像，4pt 偏移量”转换样式，如图 6-19 所示。

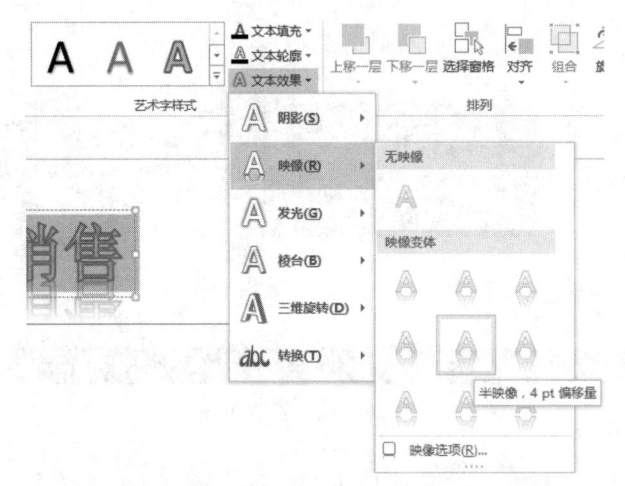

图 6-19　艺术字文本效果

d．插入 SmartArt 图形。单击“插入”选项卡中的“SmartArt”按钮，在弹出对话框中，选择“流程”类别中的“V 型列表”SmartArt 图形，如图 6-20 所示。

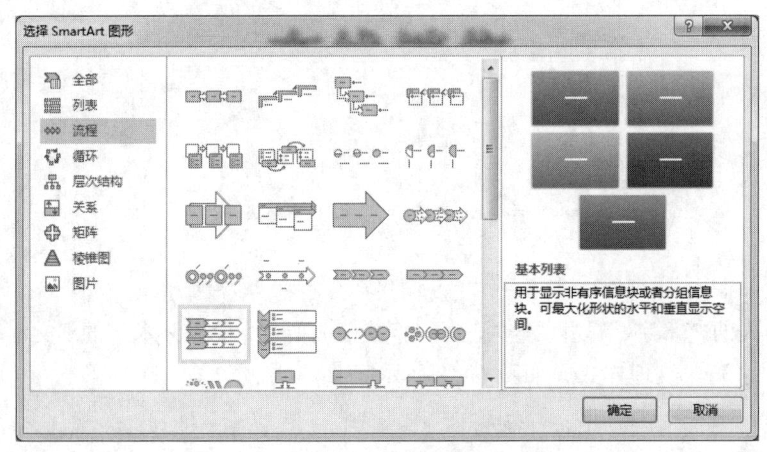

图 6-20　“选择 SmartArt 图形”对话框

e．修改 SmartArt 样式。由于本例中只需要用到两行列表，先删掉一行列表，然后打开“SmartArt 工具-设计”选项卡，选择“SmartArt 样式”列表框中的“嵌入”，如图 6-21 所示。

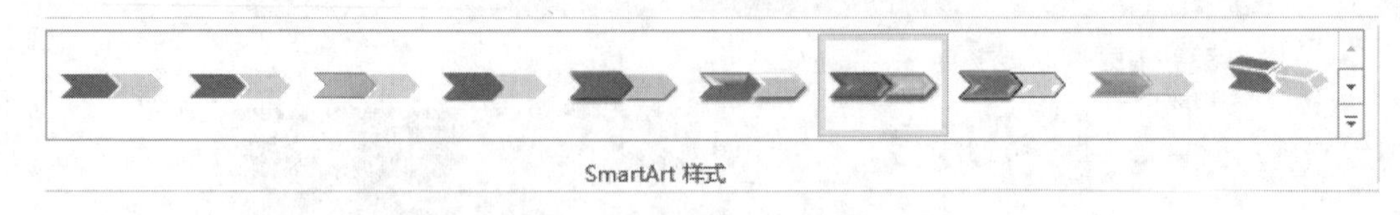

图 6-21　选择 SmartArt 样式

f．参照效果图样式，调整 SmartArt 形状中矩形框的填充颜色。选中第 1 行的矩形框，打开“SmartArt 工具-设计”选项卡，选择“更改颜色”列表框中的“透明渐变范围-着色 2”，如图 6-22 所示。

g. 在 SmartArt 形状中的每个矩形框中录入相应的文字内容，并将文字的“字体”设置为“楷体”。最后，调整 SmartArt 形状的大小和位置。

h. 图形绘制。在页面的中间，绘制“右箭头”形状。打开“插入”选项卡，在“形状”下拉列表中选择“右箭头”，在幻灯片页面上进行绘制。然后再“右箭头”形状上右击，在弹出的快捷菜单中选择“置于底层”命令，如图 6-23 所示。

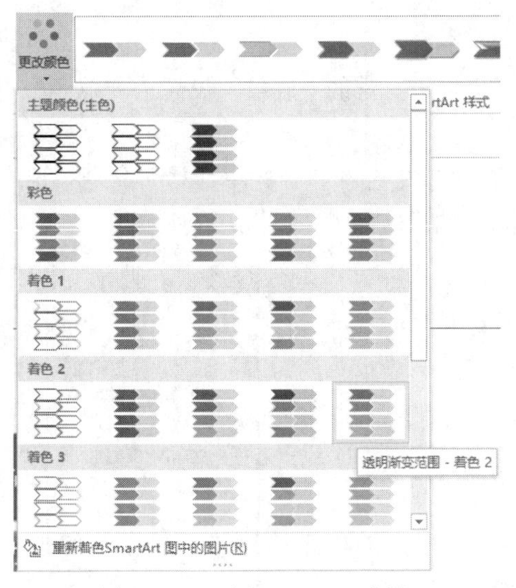

图 6-22　更改 SmartArt 颜色

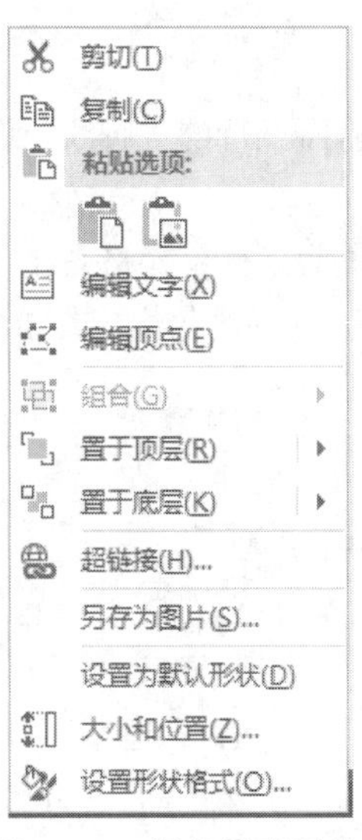

图 6-23　调整图形层次

⑤ 编辑第 5 页幻灯片。对于第 5 页幻灯片，需要完成标题文本录入和格式设置，表格插入和格式设置，表格文本录入和格式设置，以及动画设置等 4 个步骤，设置完成效果如图 6-24 所示。

a. 标题文本录入和格式设置：使用在第 2 页幻灯片中同样的方法，在标题文本框中录入“系统分析”。设置“字体”为“华文新魏”、“字号”为“36”、“文字颜色”为“黑色”、“文字对齐”为“左对齐”。然后根据文本的高度，调整文本框的高度。

b. 表格插入和格式设置。打开“插入”选项卡，在“表格”下拉列表中选择“2×6 表格”，插入到当前幻灯片页面，如图 6-25 所示。

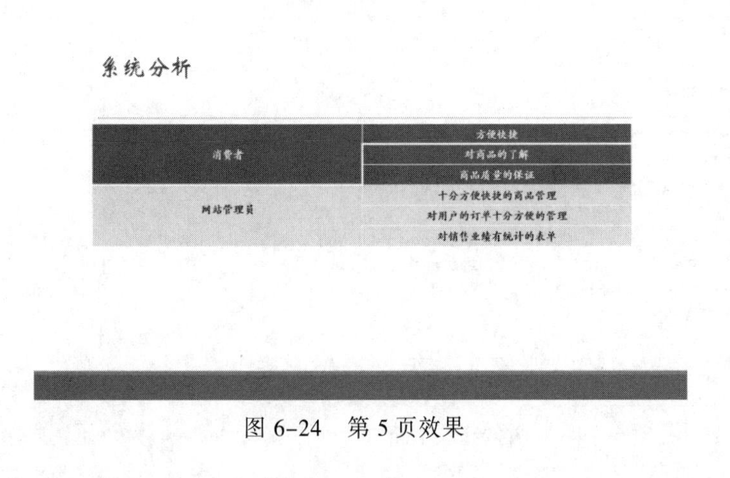

图 6-24　第 5 页效果

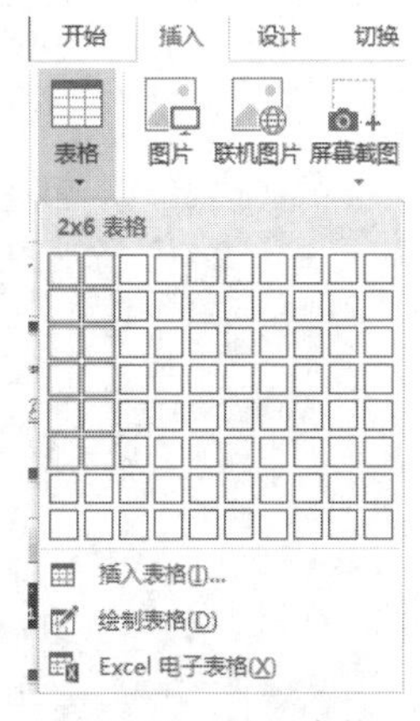

图 6-25　插入表格

c. 打开“设计”选项卡，将“表格样式”设置为“中度样式 2－强调 2”，如图 6–26 所示。

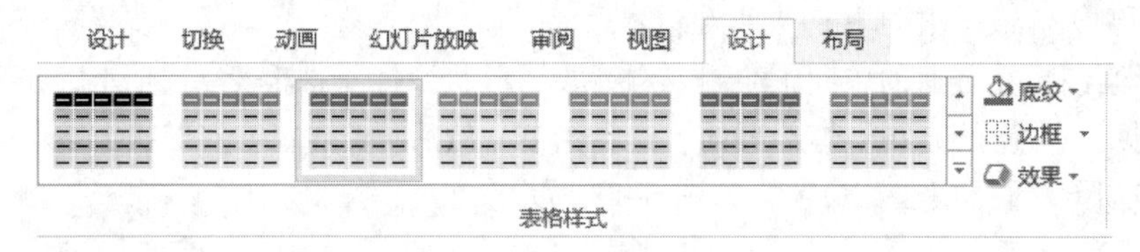

图 6–26　表格样式

d. 将前面三行的“底纹”设置为“蓝色”，后面三行的“底纹”设置为“黄色”，如图 6–27 所示。

e. 选中前三行单元格右击，在弹出的快捷菜单中选择“合并单元格”命令。选中后三行单元格，右击，在弹出的快捷菜单中选择“合并单元格”命令，如图 6–28 所示。

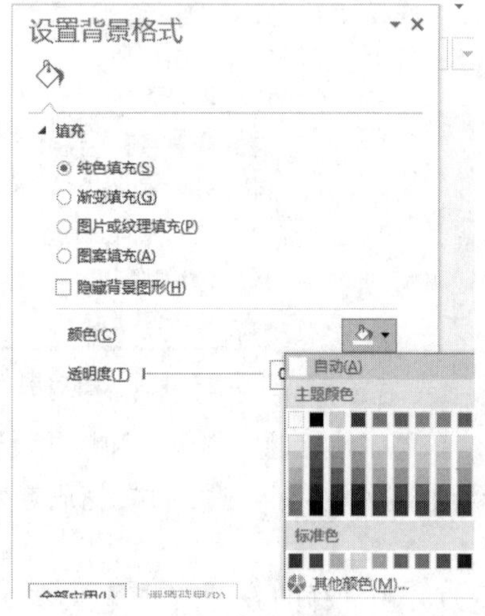

图 6–27　表格底纹

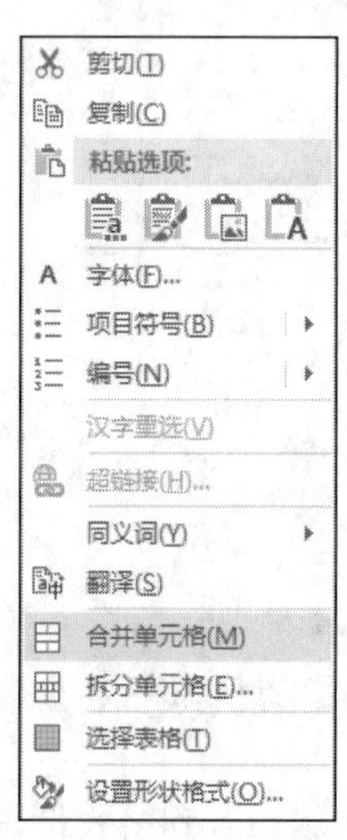

图 6–28　合并单元格

f. 表格文本录入和格式设置。参照效果图样式，录入表格内的文本。全选表格文本，右击，设置“字体”为“华文楷体”、“字号”为“16”、“字体样式”为“加粗”、“文字颜色”为“白色”或“黑色”、“文字对齐”为“居中”，如图 6–29 所示。

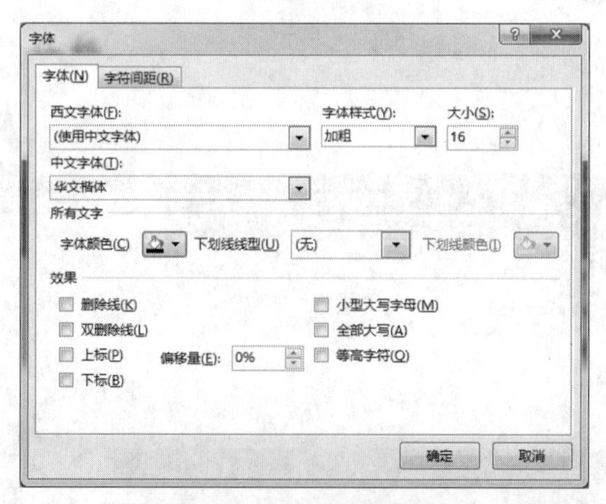

图 6–29　设置表格文字格式

g. 全选表格文本，右击，在弹出的快捷菜单中选择“设置形状格式”命令，打开“设置形状格式”任务窗格选择“文本选项”，将“垂直对齐方式”设置为“中部对齐”，如图 6–30 所示。

h. 图形绘制。为了使页面标题和内容间的区别更加明显和美观，需要在标题文本框右侧绘制四条分隔线。操作的方法为单击“插入”选项卡“形状”下拉列表中的“直线”，在幻灯片页面上绘制四条直线。

i. 选中绘制好的直线，右击，在弹出的快捷菜单中选择“设置形状格式”命令，在打开的任务窗格中，设置“线条颜色”为“蓝色。设置“线型”的“宽度”为“2.5 磅”，在“复合类型”下拉列表中选择“单线”，如图 6–31 所示。

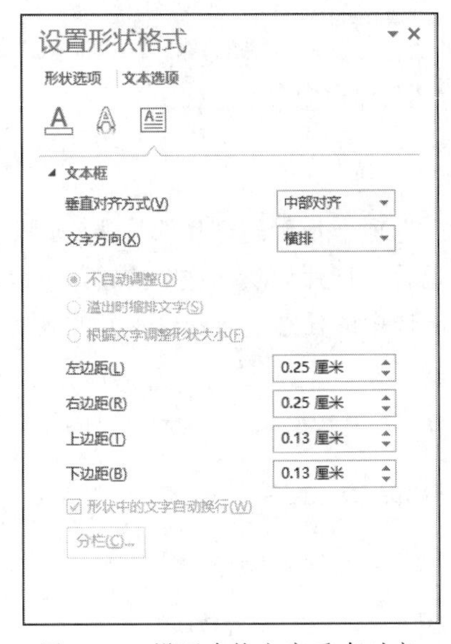

图 6–30　设置表格文字垂直对齐

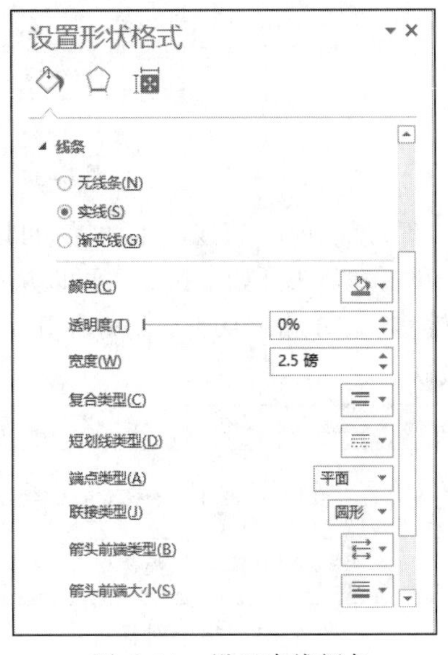

图 6–31　设置直线颜色

j. 完成以上设置后，将线条的位置调整到标题右侧。

k. 动画设置。打开“动画”选项卡，对表格设置“劈裂”动画效果，如图 6–32 所示。

图 6–32　设置表格动画

（6）幻灯片切换和放映方式。

① 幻灯片切换。幻灯片的切换效果是指在幻灯片的放映过程中，播放完的幻灯片如何消失，下一张幻灯片如何显示。PowerPoint 可以在幻灯片之间设置切换效果，从而使幻灯片的效果更加生动有趣。打开“切换”选项卡，选中第 1 页幻灯片，设置切换效果为“淡出”，然后单击“全部应用”按钮，如图 6–33 所示。

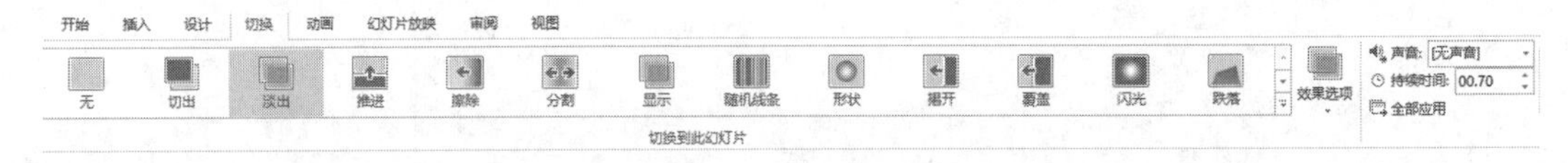

图 6–33　幻灯片切换

② 为了能够顺利地播放，可使用 PowerPoint 提供的“排练计时”功能进行排练预演，以便于在展示会现场自动循环播放幻灯片。

③ 排练计时。单击“幻灯片放映”选项卡中的“排练计时”按钮，如图 6-34 所示。PowerPoint 随后进入演示状态并开始计时。估算演示每一张幻灯片所需的时间，当觉得需要切换幻灯片时，单击鼠标切换到下一张。在演示结束后，会弹出提示对话框，询问是否保存录制的播放过程，单击“是”按钮，保存计时信息，如图 6-35 所示，再次放映幻灯片，即可看到刚刚录制的排练过程。

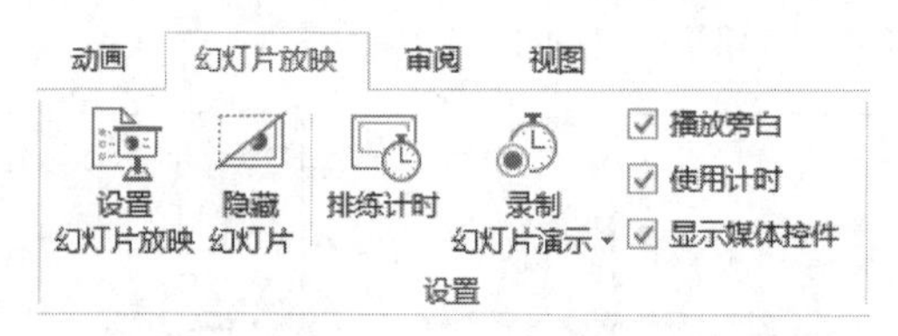

图 6-34 单击“排练计时”按钮

④ 幻灯片放映。完成以上设置，可以“幻灯片放映”选项卡观看幻灯片的放映，如图 6-36 所示。单击“从头开始”按钮，可以从第 1 页开始，观看幻灯片放映，这个按钮还可以通过【F5】键实现。单击“从当前幻灯片开始”按钮，可以从选中的任意一页幻灯片开始观看幻灯片的放映。

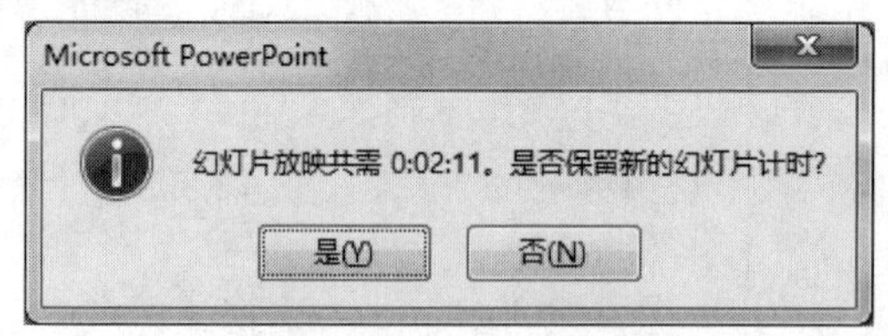

图 6-35 提示对话框

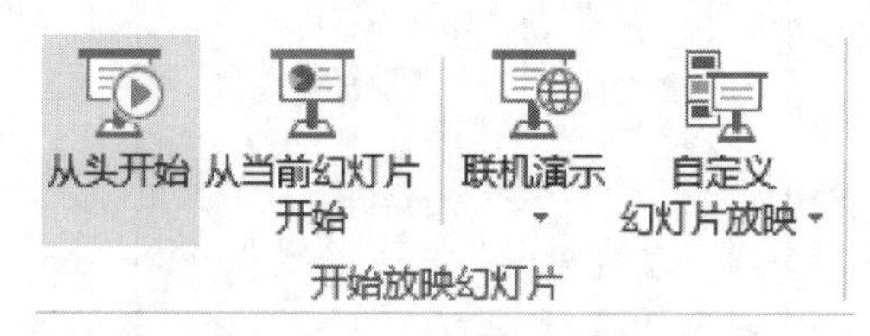

图 6-36 “幻灯片放映”选项卡

⑤ 幻灯片进行切换时，通常使用鼠标单击来实现。在一些特殊场合下，如展览会场或在无人值守的会议上，播放演示文稿不需要人工干预，而是自动运行。实现自动循环放映幻灯片需要分两步进行：先为演示文稿设置放映排练时间，再为演示文稿设置放映方式。

操 作 练 习

请使用已经学过的知识制作一个班级介绍的演示文稿，具体要求如下：

（1）至少有 5 个以上的幻灯片。

（2）各幻灯片使用统一的风格。

（3）幻灯片中必须包括文字、图片、艺术字。

（4）设置幻灯片切换效果和各对象的动态效果。

以上要求为基本要求，可根据掌握知识的情况发挥自己的能力，也可添加其他幻灯片的制作技术与效果。

第 7 章

计算机网络

实训 1　局域网的组建与管理、网络设置与资源共享

实训目的

（1）认识和掌握网络设备的安装、配置方法。

（2）熟悉系统中网络部件的安装和设置。

（3）熟悉网络拨号、局域网设置和网络资源访问等操作。

实训内容

【案例 7-1】网络设备介绍；ADSL 联网技术；简单局域网组网技术。

具体步骤：

1. 网络设备介绍

（1）调制解调器。英文是 Modem，它的作用是模拟信号和数字信号的“翻译员”。我们使用的电话线路传输的是模拟信号，而计算机之间传输的是数字信号。想通过电话线把自己的计算机连入 Internet 时，就必须使用调制解调器来“翻译”两种不同的信号，完成计算机之间的通信。调制解调器外观如图 7-1 所示。

（2）路由器。英文是 Router，它的作用是连接因特网中各局域网、广域网的设备，它会根据信道的情况自动选择和设定路由，以最佳路径，按前后顺序发送信号（的设备）。路由器是互联网络的枢纽，其作用相当于“交通警察”。路由器外观如图 7-2 所示。

（3）交换机。英文是 Switch，意为“开关”，是一种用于电信号转发的网络设备。它可以为接入交换机的任意两个网络结点提供独享的电信号通路，最常见的交换机是以太网交换机。交换机外观如图 7-3 所示。

（4）集线器。英文是 Hub，即“中心”的意思，它的主要功能是对接收到的信号进行再生整形放大，以扩大网络的传输距离，同时把所有结点集中在以它为中心的结点上。集线器与网卡、网线等传输介质一样，属于局域网中的基础设备，采用 CSMA/CD（一种检测协议）访问方式。集线器外观如图 7-4 所示。

图 7-1　调制解调器

图 7-2　路由器

图 7-3　交换机

图 7-4　集线器

（5）网卡。计算机与外界局域网的连接是通过在主机箱内插入一块网络接口板，又称通信适配器或 Adapter，更为简单的名称是“网卡”。目前，市场上有 8139 芯片的普通网卡和 USB 无线网卡等。网卡图片如图 7-5 和图 7-6 所示。

（6）网线水晶头。在制作网线之前，需要准备水晶头，如图 7-7 所示、压线钳，如图 7-8 所示；测线仪，如图 7-9 所示；网线，如图 7-10 所示。制作网线有三种方式，用于连接不同设备。

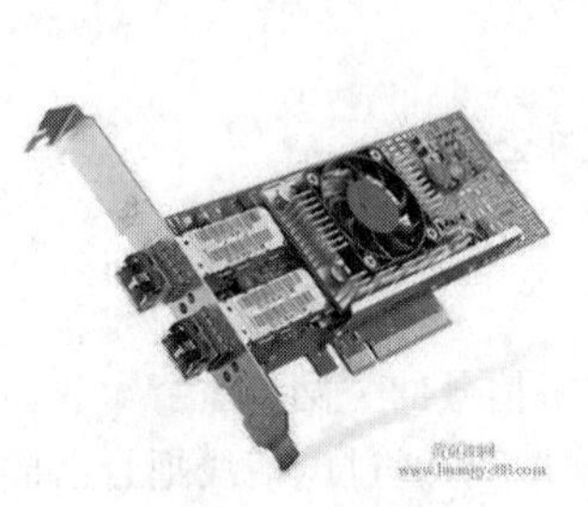

图 7-5　网卡

图 7-6　无线网卡

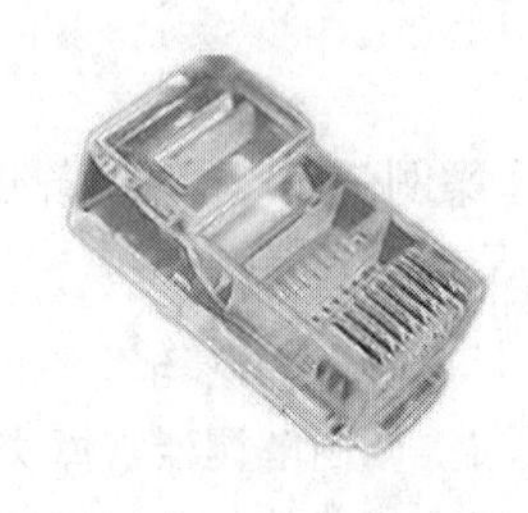

图 7-7　水晶头

图 7-8　压线钳

图 7-9　测线仪

图 7-10　网线

第一类是直通线（平行线）：可连接主机和交换机、集线器；路由器和交换机、集线器。

第二类是交叉线：可连接交换机—交换机；主机—主机；集线器—集线器；集线器—交换机；主机—路由器。

第三类是全反线：用于进行 Router 的配置，连接 Console 口需要一个 DB25 转接头。

由于连接设备不同，网线接口（也称水晶头 RJ-45）的体序排列方式主要有两种：

第一种是 568A 型，网线从左到右排列顺序为：绿白、绿、橙白、蓝、蓝白、橙、棕白、棕；

第二种是 568B 型，网线从左到右排列顺序为：橙白、橙、绿白、蓝、蓝白、绿、棕白、棕。

水晶头内部的网线排序图片如图 7-11 所示。

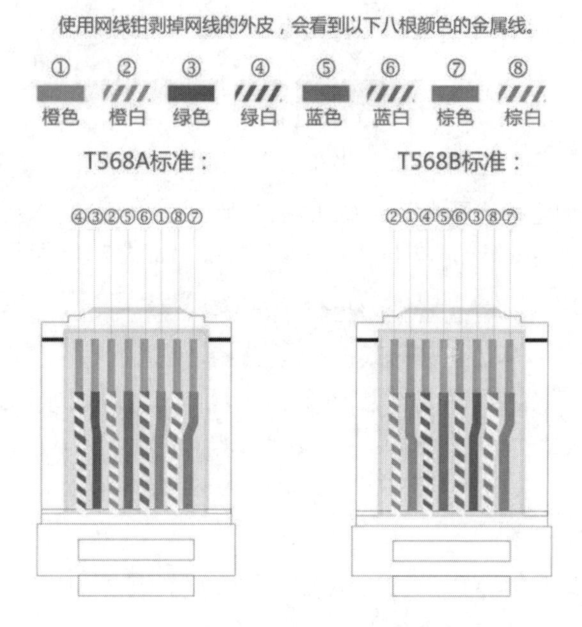

图 7-11 水晶头线序

如果要制作计算机—交换机或集线器的网线，应该选择直通线：两头都是 568A 或者两头都是 568B；如果要制作路由器—交换机或集线器的网线，应该选择直通线：两头都是 568A 或者两头都是 568B；如果要制作 PC—PC 的网线，应该选择交叉线：一头是 568A，一头是 568B。

网络设备及部件是连接到网络中的物理实体。网络设备的种类繁多，且与日俱增。我们这个实验主要针对 ADSL 网络拨号和小局域联网，所涉及的网络设备主要以方便实用为主。

2. ADSL 联网技术

ADSL 是 DSL（数字用户环路）家族中最常用，最成熟的技术，它的英文缩写是 Asymmetrical Digital Subscriber Loop（非对称数字用户环路）。它是运行在原有普通电话线上的一种新的高速宽带技术。上网速度快是 ADSL 的最大特点，上行速率最高可达 640 kbit/s 和下行速率最高可达 8 Mbit/s。

第一步：准备 ADSL 硬件设备。

计算机、网卡、无线路由器（考虑有多台计算机联网）、Modem、电话线、网线。

在电话公司申请到 ADSL 上网账号后，按照网络拓扑结构图，如图 7-12 所示，用网线连接好计算机、路由器、Modem，并将电话线一端插入 Modem。当硬件设备的正常连接后，可以开始软件拨号设置。

第二步：设置 ADSL 软件：

（1）启动计算机，从“开始”菜单中选择运行 Windows 连接向导。选择“开始”→“控制面板”→“网络和共享中心”命令，如图 7-13 所示。

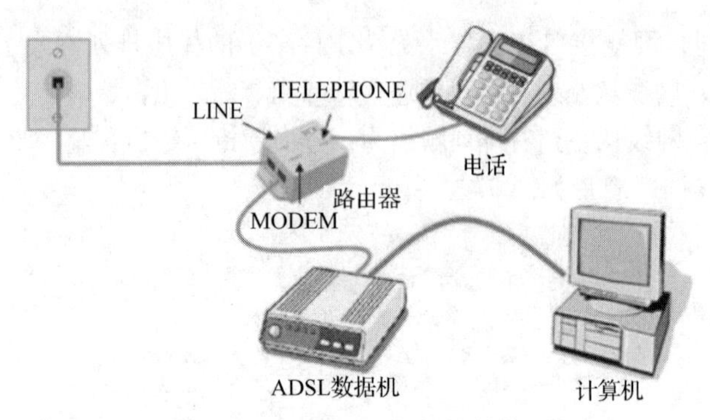

图 7-12　ADSL 网络拓扑结构图

（2）选择“设置新的连接或网络”，如图 7-14 所示。

（3）选择“连接到 Internet”，单击“下一步”按钮，如图 7-15 所示。

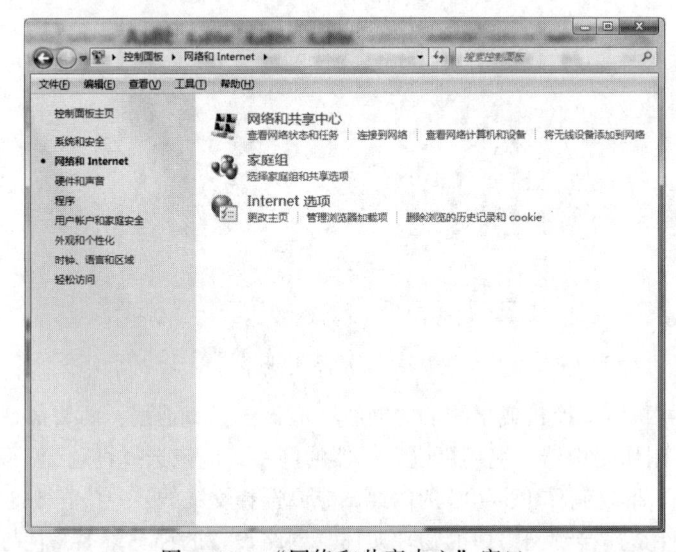

图 7-13　“网络和共享中心”窗口

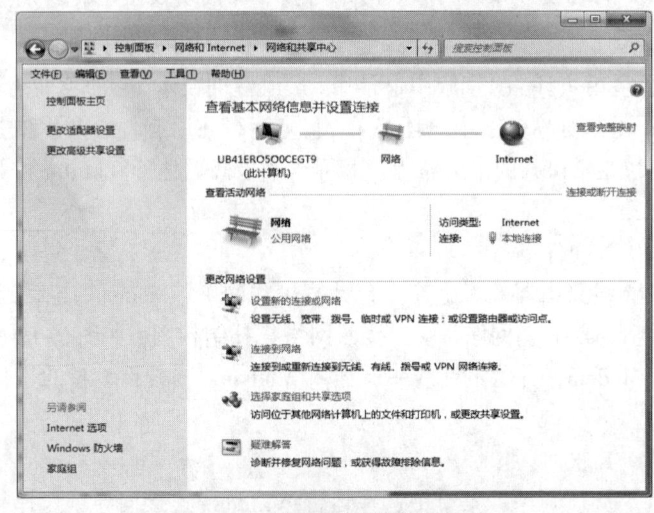

图 7-14　设置新的连接或网络

图 7–15　连接到 Internet

（4）选择“宽带（PPPoE）”，如图 7–16 所示。

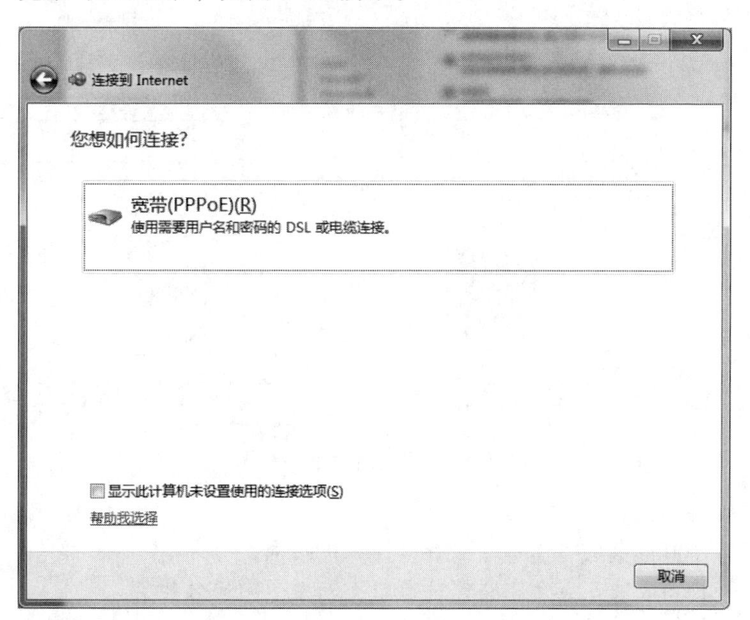

图 7–16　选择宽带（PPPoE）连接

（5）输入宽带服务商提供的账号和密码，然后单击“连接”按钮即可，如图 7–17 所示。

3. 简单局域网组网技术

局域网（Local Area Network，LAN）是指在某一区域内由多台计算机互连而成的计算机组，一般是几千米以内。局域网可以实现文件管理、应用软件共享，打印机共享、工作组内的日程安排、电子邮件和传真通信服务等功能。局域网是封闭型的，可以由办公室内的两台计算机组成，也可以由一个公司内的上千台计算机组成。本例以办公局域网为例组网，如图 7–18 所示。

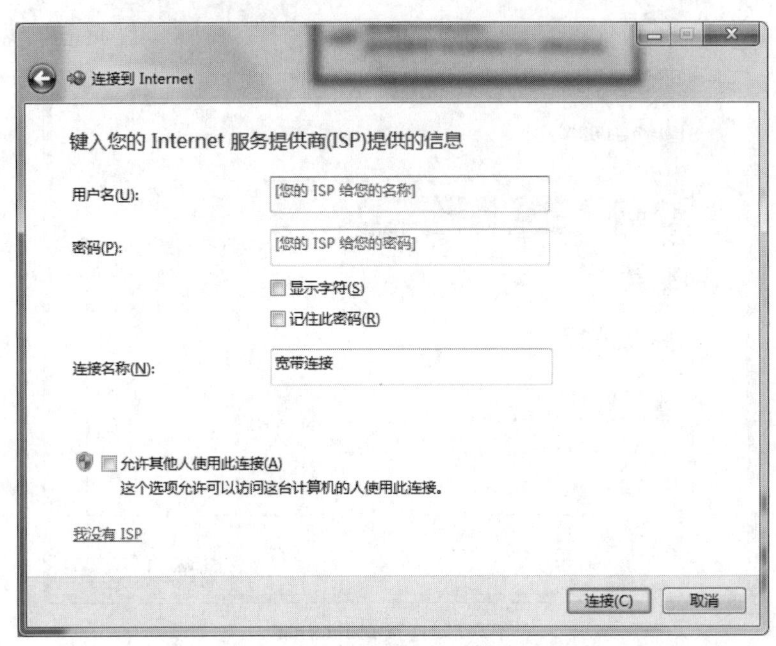

图 7-17　输入宽带服务商提供的账号和密码

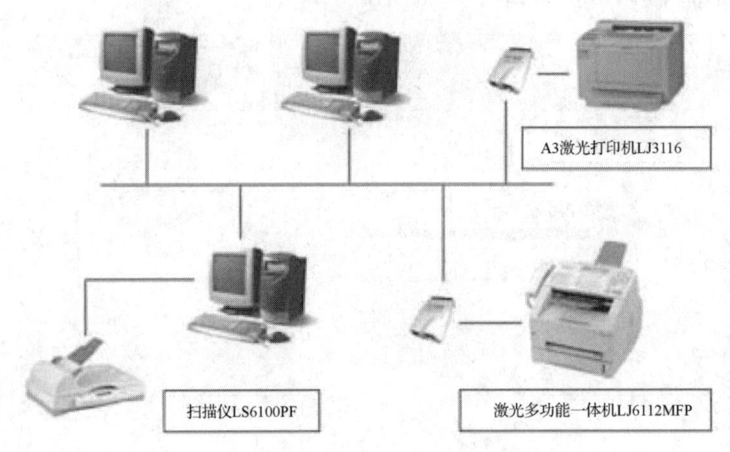

图 7-18　局域网网络拓扑图

(1) 局域网硬件。

组网目标：在 100 ㎡区域，实现 5～10 台计算机联网。

组网设备：交换机、路由器各 1 台、计算机、网卡、网线各若干。

按照拓扑结构图，用网线连接计算机与交换机、无线路由器；交换机与外网连接；路由器与交换机连接。

(2) 局域网配置。

① 单击“开始”→“控制面板”→“系统和安全”→“Windows 防火墙”→“更改通知设置”选项。在“自定义设置”窗口中，取消选中“家庭或工作（专用）网络位置设置”和“公用网络位置设置”中的“阻止所有传入连接，包括位于允许程序列表中的程序”复选框，如图 7-19 所示。

② 返回“Windows 防火墙”窗口，单击“允许程序或功能通过 Windows 防火墙”按钮，在

弹出的“允许的程序”的窗口中，选中“文件和打印机共享”复选框，然后单击“确定”按钮退出设置，如图 7-20 所示。

图 7-19　自定义设置

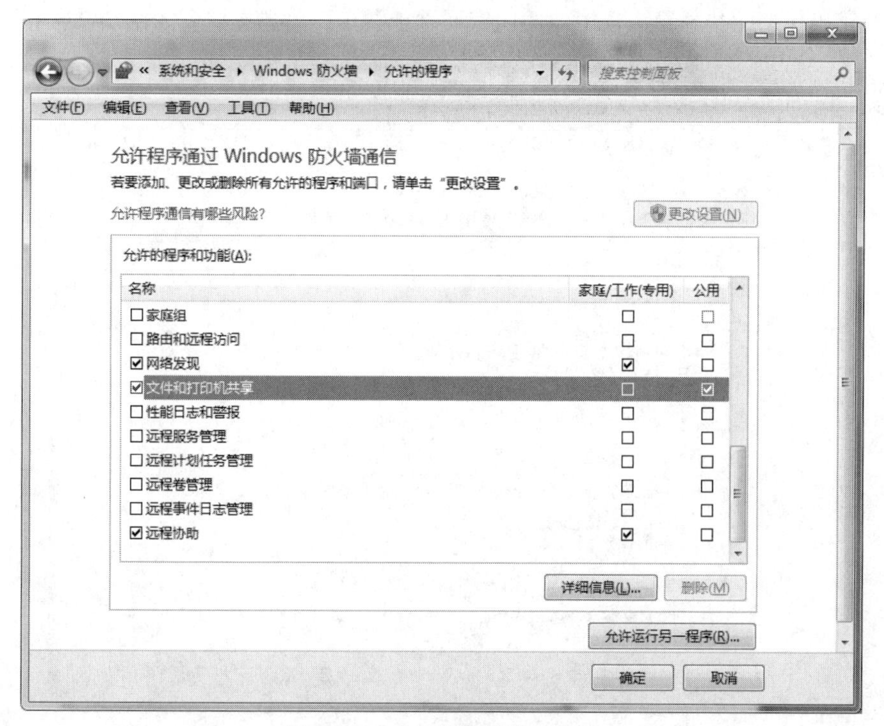

图 7-20　“允许和程序”窗口

③ 网络共享设置，检查各计算机所属工作组 IP 是否在同一网段，如 192.168.1.×××，如图 7-21 所示。

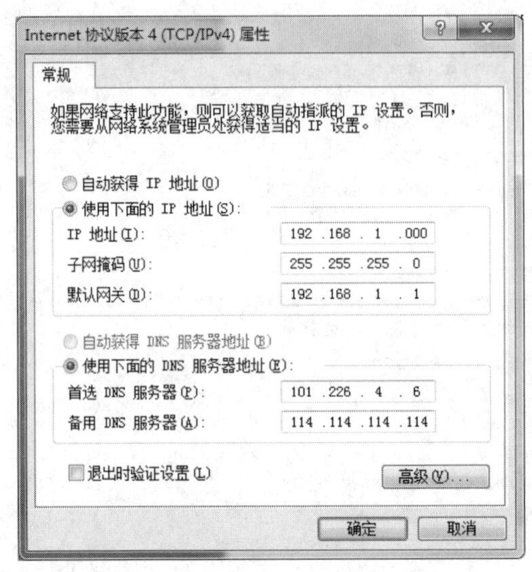

图 7-21　IP 设置

④ 选择“开始”→“控制面板”→“网络和 Internet”→“网络和共享中心”命令，打开“网络和共享中心”窗口，选择“更改高级共享设置”，在“高级共享设置”窗口中可以针对不同的网络配置文件更改共享选项。在“家庭或工作”的“网络发现”中选中“启用网络发现”单选按钮；在“文件和打印机共享”中选中“启用文件和打印机共享”单选按钮，如图 7-22 所示；在“密码保护的共享”中选中“关闭密码保护共享”单选按钮，如图 7-23 所示。

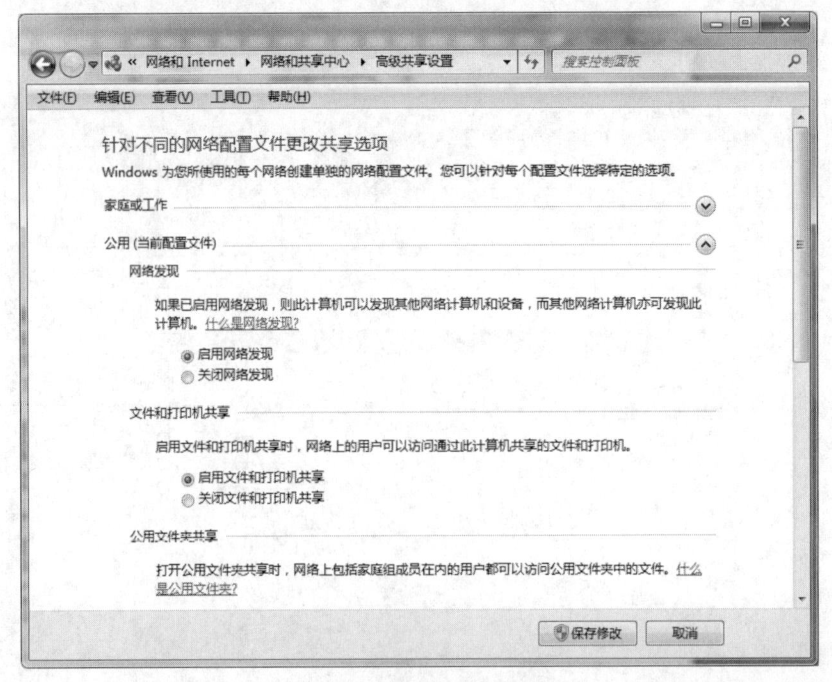

图 7-22　启用网络发现

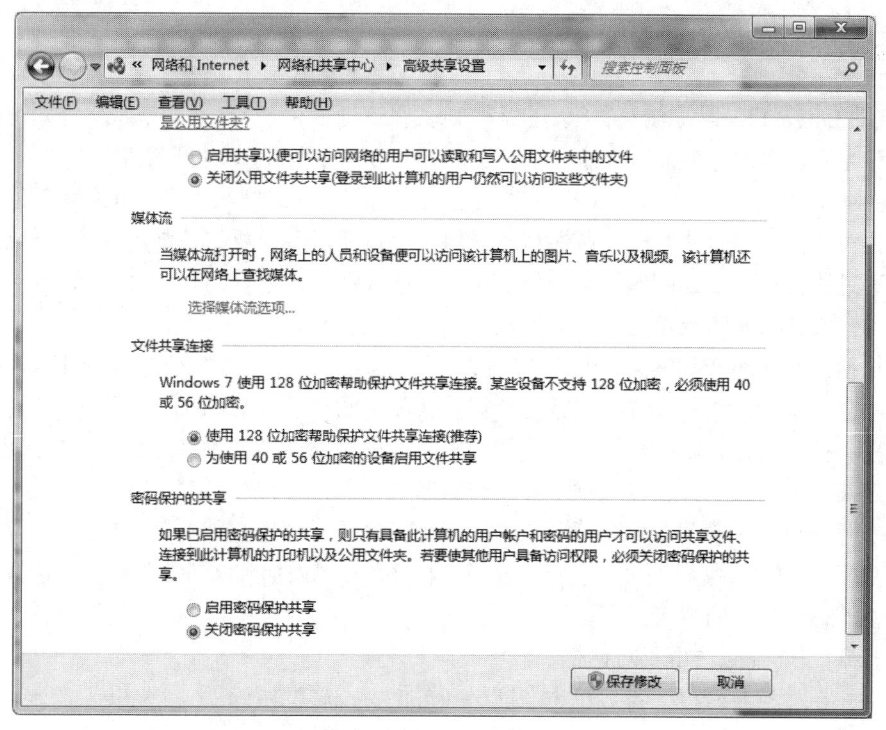

图 7-23　关闭密码保护共享

操 作 练 习

（1）在 E：盘新建“GX”文件夹，并设置为共享文件。

（2）访问网上邻居，找到本机的共享文件夹“GX”。

（3）查询相同区域的主机，并将对方共享文件复制到“GX”中。

（4）在条件允许的条件时，组建一个 2～4 台主机的局域网，联机访问共享数据。

实训 2　IE 浏览器的使用

实 训 目 的

（1）掌握 IE 浏览器的基本使用方法。

（2）掌握 IE 浏览器的设置方法。

（3）掌握搜索引擎的使用方法。

（4）掌握文件服务器的设置方法。

实 训 内 容

【案例 7-2】使用和设置 IE 浏览器。

要求：

（1）用浏览器浏览网站主页、申请邮箱和下载安装软件。

（2）使用收藏夹收藏网站。

（3）设置 Internet 选项。

具体步骤：

（1）启动 Internet Explore 浏览器（以下简称 IE），在地址栏中输 http://www.qq.com 并按【Enter】键，浏览该主页，申请 QQ 账号，并下载安装最新版 QQ 软件和 QQ 电脑管家。

（2）在地址栏输入 http://www.163.com 并按【Enter】键，进入邮箱页面，申请一个免费邮箱。接受服务协议才能申请免费邮箱，有些信息必填。申请完毕后，要记住邮箱的账户和密码。

（3）通过网页登录 163 邮箱，给同学发送一封邮件并抄送给自己。邮件主题为：我的第一封电子邮件。邮件内容随意填写，然后通过“收件箱”查看。

（4）把搜狐网站加入收藏夹，命名为“搜狐网”。关闭 IE，通过收藏夹打开搜狐网站。在收藏夹中建立一个“新闻”文件夹，并把“搜狐新闻”添加到该文件夹。

方法一：打开“搜狐新闻”首页，选择“收藏”→“添加到文件夹”命令，在弹出菜单中选择“新建文件夹”命令，在输入框中输入“新闻”，然后单击“确定”按钮。

方法二：选择“收藏”→“整理收藏夹”命令，单击“创建文件夹”按钮，然后在输入框中输入“新闻”；打开“搜狐新闻”首页，选择“收藏”→“添加到文件夹”命令，选择“新闻”目录，单击“确定”按钮。

（5）打开“Internet 选项”对话框。

方法一：在“控制面板”窗口单击“网络和 Internet 选项”按钮。

方法二：在 IE 中，选择“工具”→“Internet 选项”命令。

① 设置首页为 http://www.baidu.com。

② 把临时文件夹的大小设为 500 MB，并将临时文件设为“D:\internetTemp”。

③ 查看本地计算机中保存的曾经访问过的网页。

④ 将 Internet 安全级别设置为“中”。

⑤ 设置“禁用脚本调试”，关闭“播放网页中的视频”。

操作练习

（1）在“搜狐新闻”（http://news.sohu.com）网页快书找到含有“股票”的所有位置，保存首页在 D 盘，命名为“股票”。

（2）删除所有临时文件目录下的文件，将历史记录网页保存的天数设为 10 天。

（3）下载一首流行音乐，保存到 D 盘，歌名为“music"。

实训 3　电子邮件的使用和 OutLook 设置

实训目的

（1）熟悉 Outlook Express 界面。

（2）掌握添加、删除、修改邮件账户，包括邮件地址、收发邮件服务器地址、用户名、密码等设置。

（3）掌握利用 Outlook Express 接收、回复、转发、新建、删除、查看电子邮件等操作。

（4）掌握保存电子邮件、从电子邮件中保存附件、给电子邮件添加附件等操作。

实训内容

1. 启动 Outlook Express 及其窗口布局设置

（1）选择“开始”→“程序”→“Outlook Express”命令，或在任务栏上单击 Outlook Express 图标即可打开“Outlook Express”窗口，如图 7-24 所示。

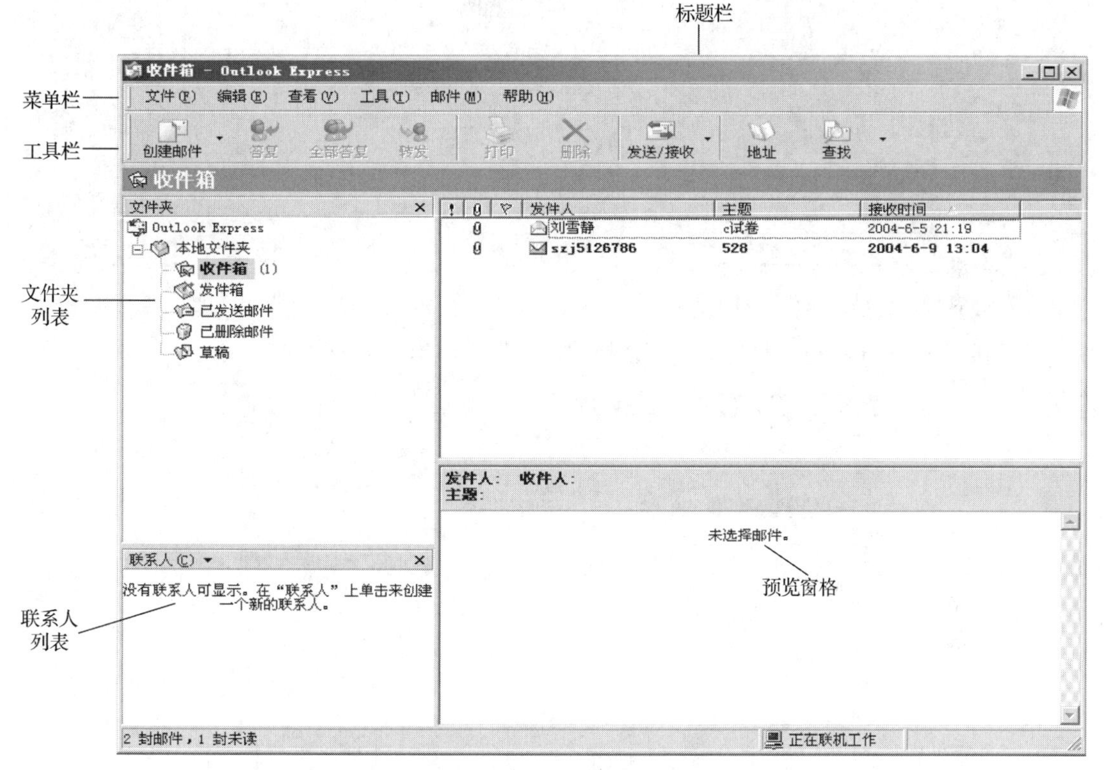

图 7-24 Outlook Express 窗口

（2）选择“查看”→“布局”命令，弹出“窗口布局 属性”对话框，如图 7-25 所示。

（3）该窗口包括两部分信息。

基本布局设置：根据所提供选项前的复选框选中与否，决定是否在窗口中显示该项。

预览窗格布局设置：“显示预览窗格”项的选中与否，决定了在 Outlook 窗口中是否显示预览窗格。

2. 添加电子邮件账户及其属性设置

电子邮件是通过 Internet 发送的，所以在使用 Outlook Express 发送、接收邮件之前，首先必须对它进行设置，建立 Internet 可访问的账户，实现与 Internet 的连接。

设置电子邮件账户方法有两种：

（1）首次运行时，使用 Internet 连接向导。

（2）使用“工具”→“账户”命令。

二者设置大同小异。下面以第二种方法为例说明设置账户的步骤。

（1）选择“工具”→“账户”命令，弹出“Internet 账户”对话框，如图 7-26 所示。

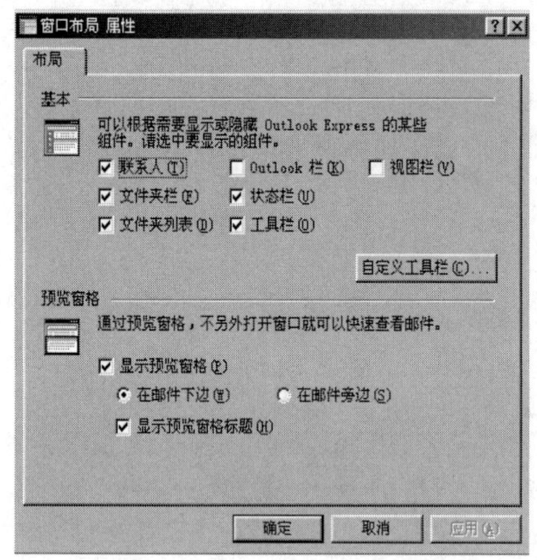

图 7-25 “窗口布局 属性”对话框

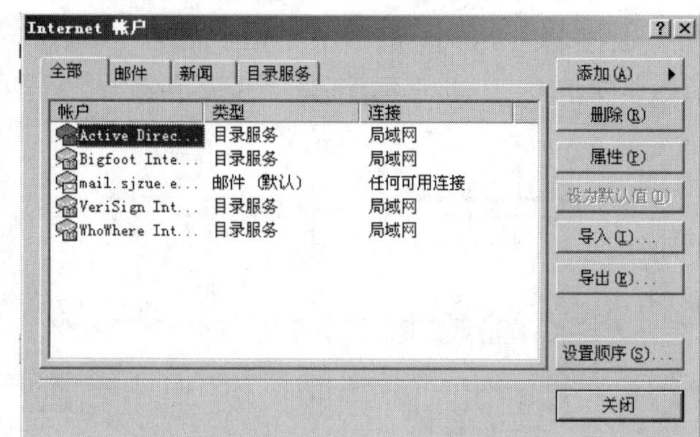

图 7-26 “Internet 账户”对话框

（2）在“Internet 账户”对话框中，选择“邮件”选项卡，如图 7-27 所示。

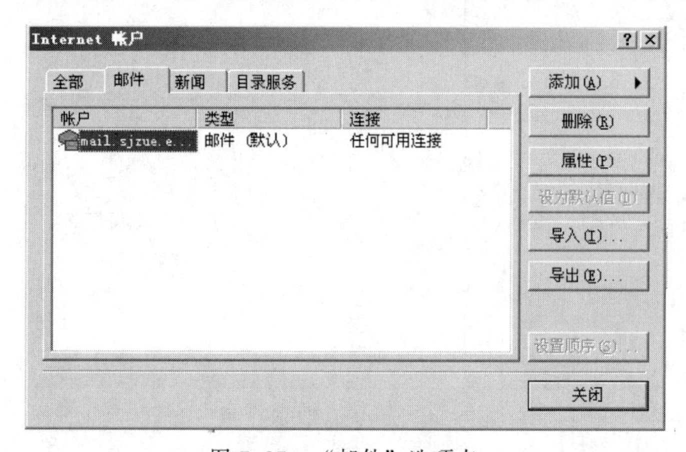

图 7-27 “邮件”选项卡

（3）单击“添加”按钮，弹出“添加”级联菜单，如图 7-28 所示。在级联菜单中选择“邮件”，弹出“Internet 连接向导”对话框（如图 7-29 所示）。

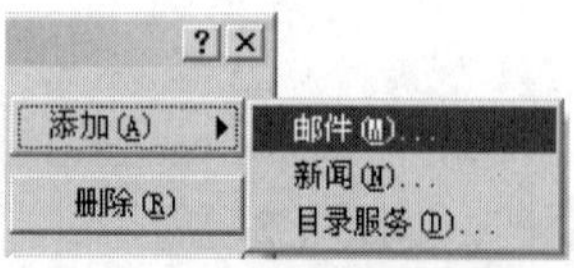

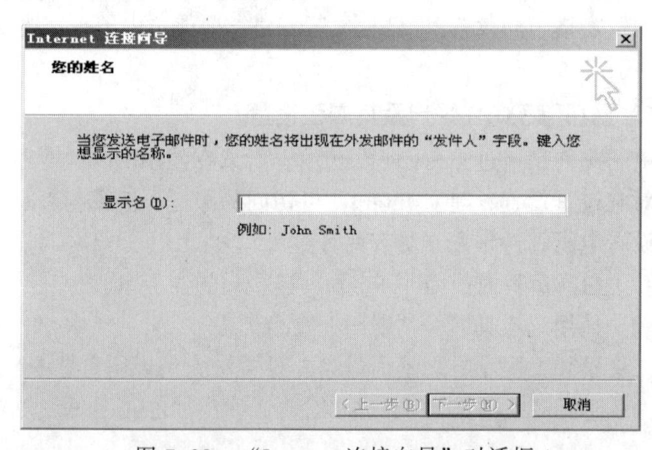

图 7-28 “添加”级联菜单

图 7-29 “Internet 连接向导”对话框 1

（4）在“Internet 连接向导”对话框中的“显示名”文本框中，可以输入自己的姓名。然后单击“下一步”按钮，进入图 7-30 所示的界面。

（5）在“电子邮件地址”文本框中，输入自己的 E-mail 地址。然后单击“下一步”按钮，进入图 7-31 所示的界面。

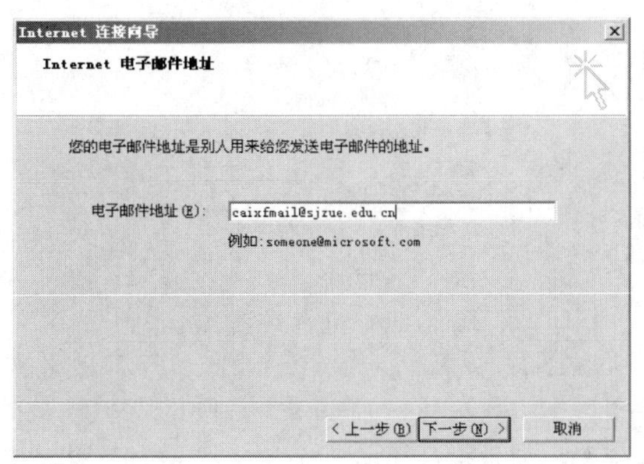

图 7-30　“Internet 连接向导”对话框 2

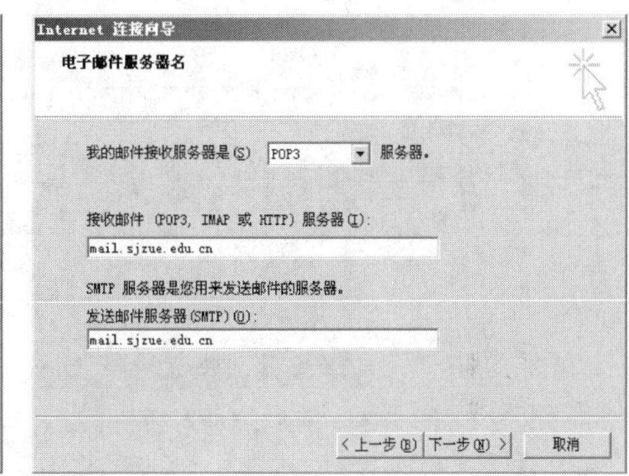

图 7-31　“Internet 连接向导”对话框 3

（6）在“接收邮件服务器”文本框中输入所提供邮箱对应的接收邮件服务器地址，在“发送邮件服务器”文本框中输入所提供邮箱对应的发送邮件服务器地址。例如：在校园网申请的邮箱，其接收和发送邮件服务器地址均为“mail.hebust.edu.cn”。设置完毕后，单击“下一步”按钮，进入图 7-32 所示的界面。

（7）在“账户名”文本框输入自己的电子邮箱地址，“密码”文本框输入邮箱密码，然后单击“下一步”按钮，系统弹出设置账户的最后一个对话框，如图 7-33 所示。

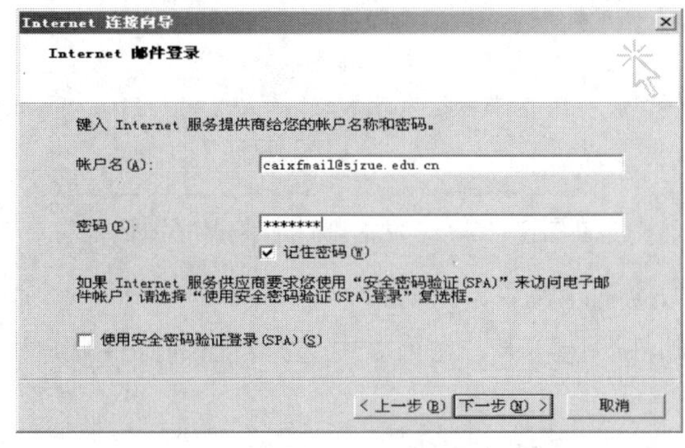

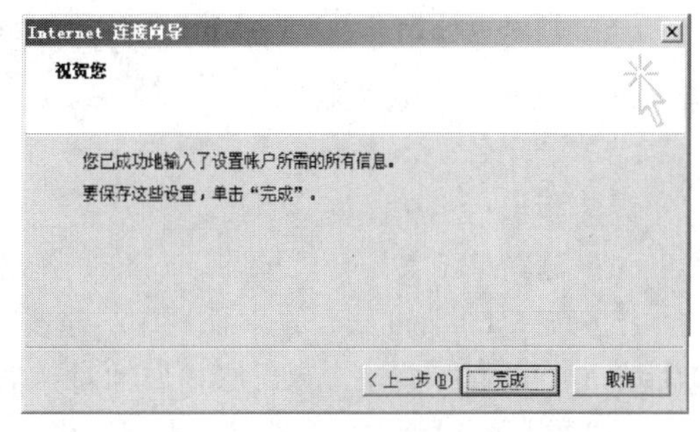

图 7-32　“Internet 连接向导”对话框 4　　图 7-33　“Internet 连接向导”对话框 5

（8）账户设置的所有信息输入完毕，单击“完成”按钮，完成账户的添加。此时新添加的账户显示在“邮件账户列表”中。

（9）对新添加的账户进行属性设置。

① 在邮件列表中，选中自己的邮件账户，然后单击“属性”按钮，弹出属性对话框，如图 7-34 所示。

② 在“属性”对话框中，选择“服务器”选项卡，如图 7-35 所示，选中“我的服务器要求身份验证”复选框，此时“设置”按钮被激活。

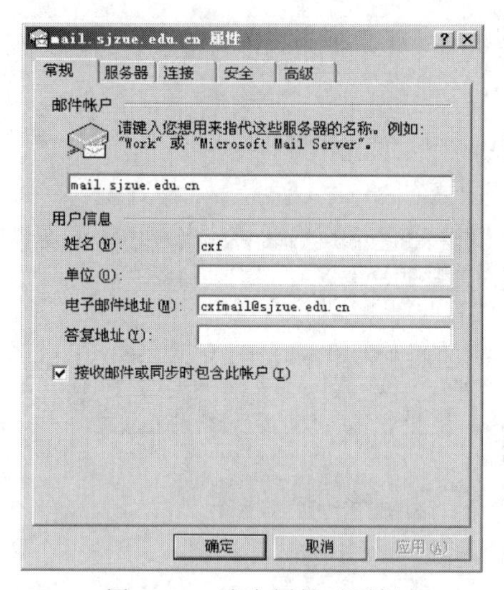

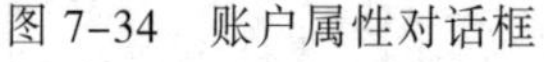
图 7-34　账户属性对话框

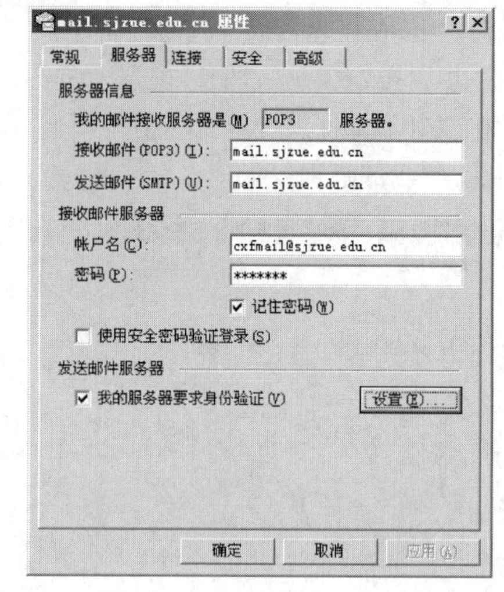

图 7-35　“服务器”选项卡

③ 单击“设置”按钮，弹出“发送邮件服务器”对话框，如图 7-36 所示，选中“登录方式”单选按钮，在“账户名”文本框中输入自己的邮箱地址，“密码”文本框中输入邮箱密码。设置完毕，单击“确定”按钮。返回属性对话框。

④ 单击属性对话框中的“确定”按钮，完成账户属性设置。

3. 修改电子邮件账户属性

按如下要求修改自己的邮件账户属性：

（1）答复地址：cxfmail@sjzue.edu.cn。

（2）接收邮件服务器（POP3）：[邮件服务商的接收邮件服务器地址]。

（3）发送邮件服务器（SMTP）：[邮件服务商的发送邮件服务器地址]。

（4）账户名：student。

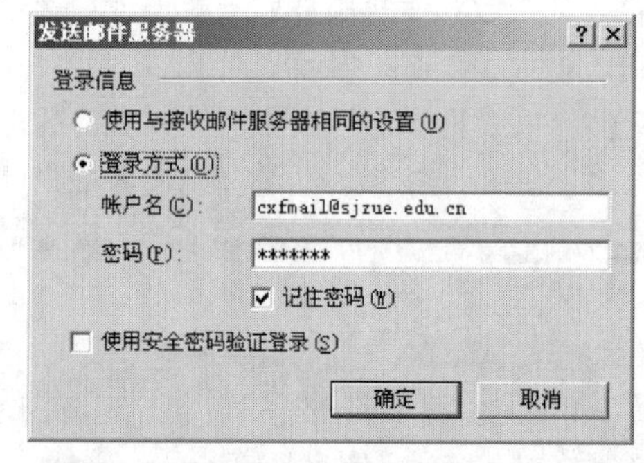

图 7-36　“发送邮件服务器对”话框

具体步骤：

（1）选择“工具”→“账户”命令，弹出“Internet 账户”对话框。

（2）在“Internet 账户”对话框中，选择“邮件”选项卡，在列表中选择自己的邮件账户。然后单击“属性”按钮，弹出账户属性对话框。

（3）在属性对话框中，选择“常规”选项卡，在答复地址栏中输入：caixfmail@sjzue.edu.cn。

（4）选择“服务器”选项卡，按如下要求填写：

接收邮件（POP3）：[这里需要你输入现有邮件服务商的接收邮件服务器地址]

发送邮件（SMTP）：[这里需要你输入现有邮件服务商的发送邮件服务器地址]

账户名：student

（5）单击“确定”按钮，完成账户属性设置。

4. 新建和发送电子邮件

在 Outlook Express 中撰写新邮件并发送给自己。

具体步骤：

（1）启动 Outlook Express，单击工具栏中的“新邮件”按钮，打开“新邮件”窗口，如图 7-37 所示。

（2）在“新邮件”窗口中，填写如下内容：

收件人：自己（即自己的邮箱地址）

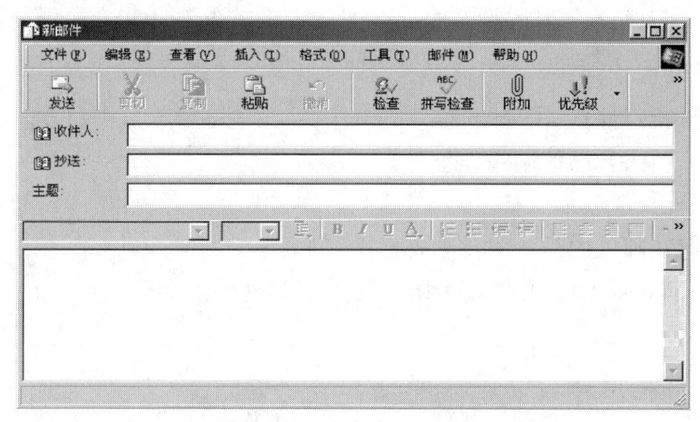

图 7-37　“新邮件”窗口

主题：测试

邮件内容：收到此邮件请回复！

（3）新邮件各项内容填写完毕后，单击工具栏中的“发送”按钮即可。

新邮件的修饰技巧：

①应用信纸：Outlook 提供了一些信纸，应用信纸撰写邮件使得邮件更加美观实用。

应用信纸方法：

a．单击工具栏中“新邮件”下拉按钮，从弹出的列表中选择一种信纸方案。

b．选择“邮件”→“新邮件使用”命令，在其级联菜单中选取一种信纸方案。

② 正文修饰。利用格式工具栏中的各功能按钮，可对正文文本进行字体、段落格式设置。纯文本格式的邮件无法设置字体及段落格式。

③ 在邮件中插入超链接、图片和附件。

a．插入超链接。

- 确认已启用 HTML 格式。
- 光标定位到超链接的插入位置。
- 选择“插入”→“超链接”命令，弹出图 7-38 所示的对话框。
- 在“类型”下拉列表中选择超链接类型，在“URL”文本框中输入超链接的 URL 地址，单击“OK”按钮。

b．插入图片。

- 确认已启用 HTML 格式。
- 光标定位到图片插入位置。
- 选择“插入”→“图片”命令，弹出图 7-39 所示的“图片”对话框。
- 在“图片来源”文本框中，输入图片文件的绝对路径（或单击“浏览”按钮，选择图片文件的路径和文件名）。

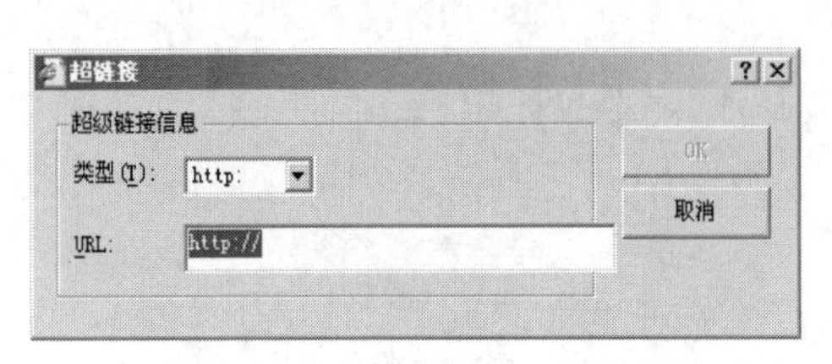

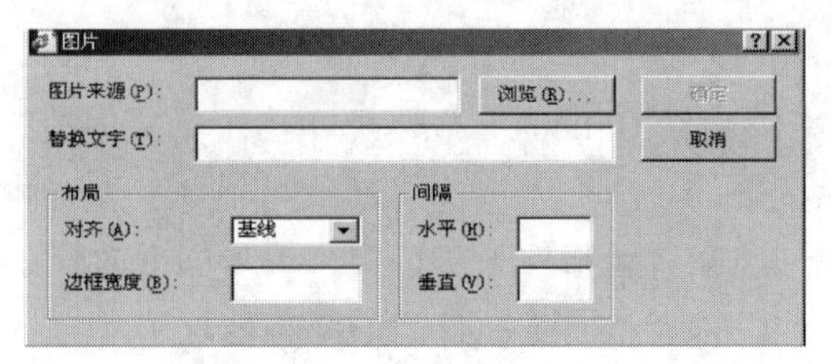

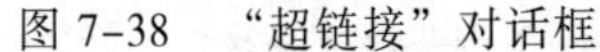
图 7-38 “超链接”对话框

图 7-39 “图片”对话框

5. 发送带附件的电子邮件

按如下要求撰写新邮件：

收件人：自己（键入自己的邮箱地址）

主题：附件

邮件内容：如何在邮件中插入附件，你学会了吗？

将“C:\Windows\Mouse.txt”文件作为附件插入到邮件中。

发送撰写的邮件。

具体步骤：

（1）单击工具栏中的“新邮件”按钮，打开“新邮件”窗口。

（2）在“新邮件”窗口中，填写如下内容：

收件人：自己（即自己的邮箱地址）；

主题：附件；

邮件内容：如何在邮件中插入附件，你学会了吗？

（3）单击工具栏中的“附加”按钮，弹出“插入附件”对话框，如图 7-40 所示。

① 在“搜寻”下拉列表中，打开“C:\Windows”文件夹；

② 在文件列表中，选择“Mouse.txt”文件。

③ 单击“附加”按钮，即可将选中的文件以附件形式插入到新邮件中。

此时，新邮件窗口中增加了一项附件文本框，附件文本框中显示已插入文件的图标。

（4）单击工具栏中的“发送”按钮即可。

6. 阅读和保存电子邮件

要求：

（1）阅读“收件箱”中收到的主题为“测试”的邮件。

（2）将该邮件以文件名“测试邮件.eml”另存到自己的文件夹中。

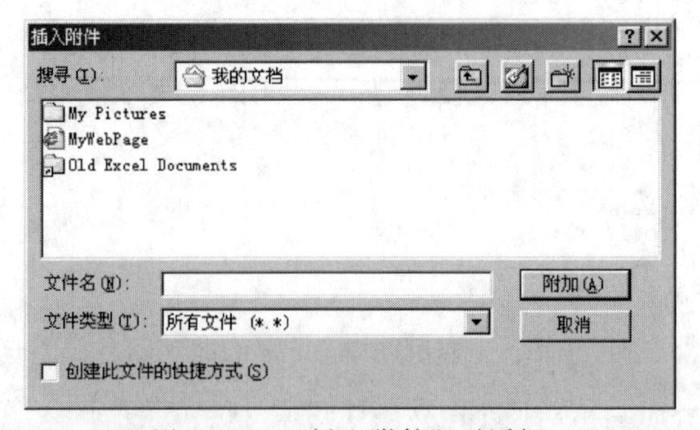

图 7-40 “插入附件”对话框

具体步骤：

（1）在“文件夹列表”栏中，选择“收件箱”。

（2）在“邮件列表”窗格中，选择要阅读的电子邮件（即主题为“测试”的邮件），此时，预览窗格中即可看到当前邮件的内容。

（3）保存邮件。

① 在“邮件列表”窗格中，选中主题为“测试”的邮件，然后选择“文件”→“另存为”命令，弹出“邮件另存为”对话框。

② 在“保存在”下拉列表中，选择自己的文件夹，“文件名”栏中输入“测试邮件”。

③ 最后，单击“保存”按钮。

7. 保存邮件中的附件

要求：

（1）阅读“收件箱”中收到的主题为“附件”的邮件。

（2）将“附件”邮件中的附件以“Mouse.txt”另存到自己的文件夹中。

具体步骤：

（1）在“文件夹列表”栏中，选择“收件箱”。

（2）在“邮件列表”窗格中，选中主题为“附件”的邮件。此时，预览窗格中显示了该邮件的内容。

（3）单击预览窗格标头处的“附加”按钮，弹出级联菜单，如图7-41所示。

（4）选择“保存附件”命令，弹出“保存附件”对话框，选择保存位置为自己的文件夹，“文件名”栏输入，“Mouse.txt”。

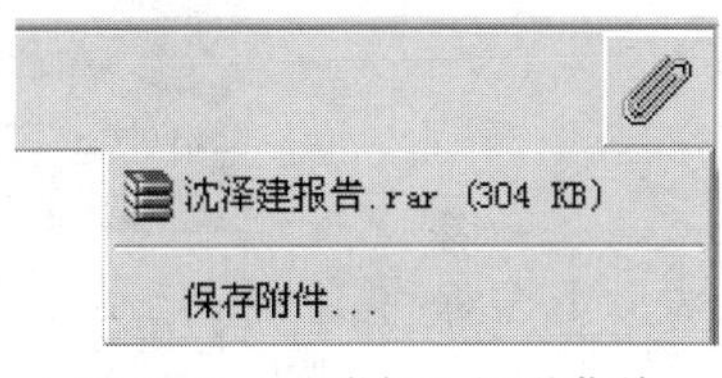

图7-41 “附加”级联菜单

（5）最后，单击“保存”按钮。

8. 回复电子邮件

回复主题为“测试”的邮件，要求如下：

（1）抄送：给自己邻座同学。

（2）回复邮件中带有原邮件的内容。

（3）请输入下述文字作为回复邮件内容：测试邮件已收到。

具体步骤：

（1）在“文件夹列表”栏中，选择“收件箱”。

（2）在“邮件列表”窗格中，选中主题为“测试”的邮件。

（3）若要回复原邮件内容，须先进行设置，方法如下：

选择“工具”→“选项”命令，弹出“选项”对话框，选择“发送”选项卡，如图7-42所示。

在“发送”选项组中，选中“回复时包含原邮件”复选框，单击“确定”按钮。

（4）单击“回复”按钮（或选择“邮件”→“答复收件人”命令），打开以“Re”或“回复”为标题的邮件窗口，如图7-43所示。

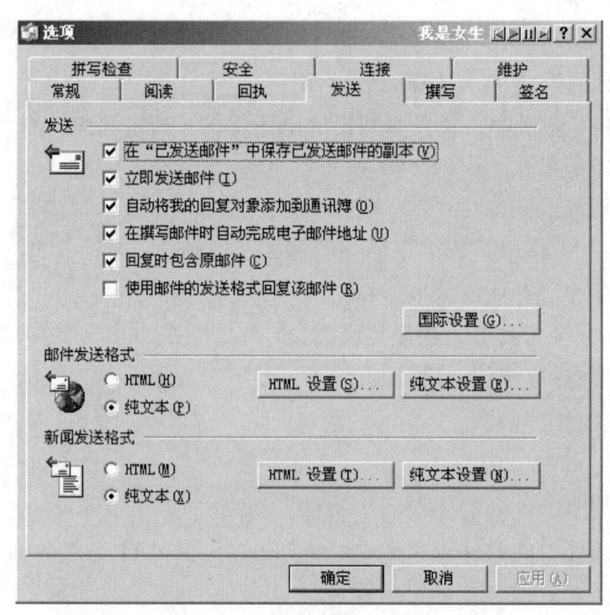

图 7-42 “发送”选项卡

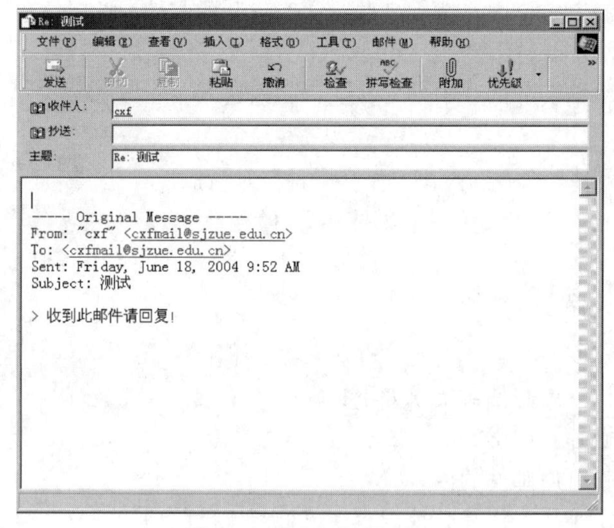

图 7-43 回复邮件窗口

（5）在“抄送”文本框中，输入你邻座同学的 E-mail 地址。

（6）保留原邮件内容，在邮件正文“----- Original Message -----”的上方，输入如下内容：测试邮件已收到。

（7）单击工具栏中的“发送”按钮。

9. 转发电子邮件

将主题为“附件”的邮件转发给自己。

具体步骤：

（1）在“文件夹列表”栏中，选择“收件箱”。

（2）在“邮件列表”窗格中，选中主题为“附件”的邮件。

（3）单击工具栏中的“转发”按钮（或选择“邮件”→“转发”命令），打开以“Fw”或“转发”为标题的邮件窗口，如图7-44所示。

（4）在“转发”邮件窗口中，收件人处填写：[你自己的E-mail地址]。

（5）最后，单击工具栏中的“发送”按钮。

10. 删除电子邮件

将“已发送邮件”中的所有邮件彻底删除。

具体步骤：

（1）在“文件夹列表”栏中，选择“已发送邮件”，“邮件列表”窗格中显示了所有已发送邮件。

（2）在“邮件列表”窗格中，先选中第一封邮件，然后按住Shift键，再单击最后一封邮件，即可将所有邮件选中。

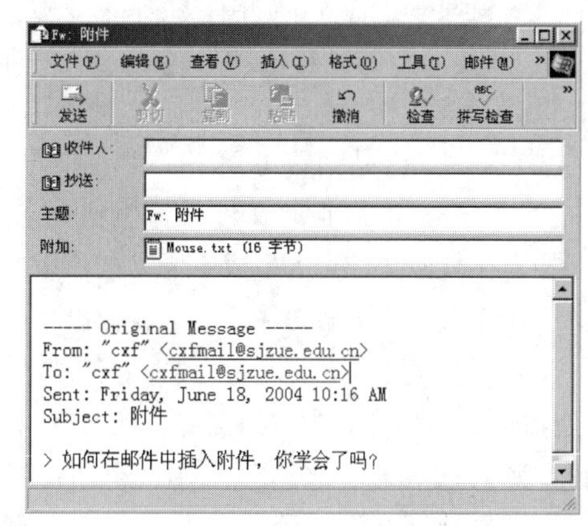

图7-44 转发邮件窗口

（3）单击工具栏中的“删除”按钮（或选择“编辑”→“删除”命令），则将所有邮件移动到“已删除邮件”中。

（4）在“文件夹列表”栏中，选择“已删除邮件”，“邮件列表”显示了刚刚被删除的邮件。

（5）用与（2）相同的方法将所有邮件选中，单击工具栏中的“删除”按钮，即可将所有邮件彻底删除。

删除电子邮件有两种形式：

① 从“收件箱”(或其他文件夹）中删除，是将邮件移动到“已删除邮件”文件夹中并非真正彻底删除，这些邮件可以重新恢复。

② 从“已删除邮件”文件夹中删除，这是永久删除，不能再恢复。

操作练习

请给同学发送一封节日邮件。

实训4 常用软件的使用

实训目的

（1）掌握WinRAR压缩、解压缩文件/文件夹的操作方法。

（2）掌握360安全卫士的各项功能的操作方法。

实训内容

【案例7-3】使用WinRAR压缩、解压缩文件。

要求：

（1）新建一个Word文档，完成对文档的压缩。

（2）完成对压缩文档的解压缩。

具体步骤：

（1）新建一个 Word 文档，完成对文档的压缩。

① 新建“产品销售方案”的 Word 文档文件，从网上搜索某个产品销售的相关资料信息，复制保存到该文档中，关闭 Word 文档。

② 选中“产品销售方案.docx”，右击，在弹出的快捷菜单中选择“添加到‘产品销售方案.rar’”命令，即可在原文件夹下生成同名的压缩文件“产品销售方案.rar”，如图 7-45 所示。

如需在其他文件夹下生成不同名的压缩文件。选定该 Word 文档，然后右击，在弹出的快捷菜单中选择“添加到压缩文件”命令，弹出“压缩文件名和参数”对话框，如图 7-46 所示。在“常规”选项卡中设置压缩文件名为“C:\产品销售方案(压缩).rar”，压缩文件格式为“RAR”，压缩方式为“标准”，更新方式为“添加并替换文件”，单击“确定”按钮后在“C”盘生成压缩文件“产品销售方案(压缩).rar”，此时生成的压缩文件与原文件不同名，所在文件夹也不同。

（2）对压缩文件“产品销售方案.rar”进行解压缩。

对压缩文件“产品销售方案.rar”进行解压缩有两种方法。

方法一：直接双击压缩文件进行解压缩。双击该文件，在弹出 WinRAR 程序窗口中，即可查看解压缩文件“产品销售方案.docx”，如图 7-47 所示。

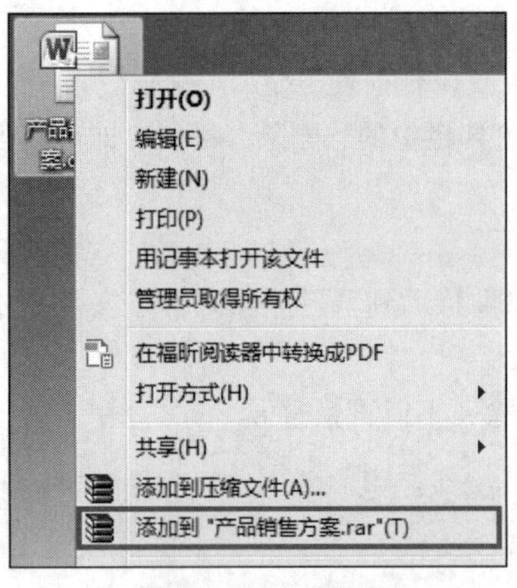

图 7-45 文件压缩

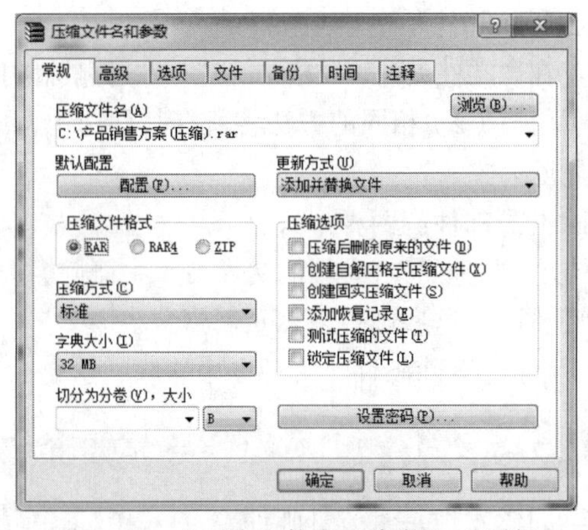

图 7-46 “压缩文件名和参数”对话框

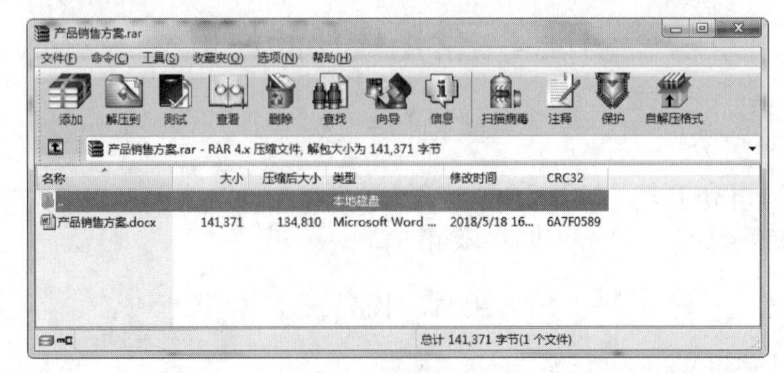

图 7-47 WinRAR 程序窗口显示文件

方法二：通过设置“解压路径和选项”对话框进行解压缩。选定该文件并右击，在弹出的快捷菜单中选择“解压文件”命令，弹出“解压路径和选项”对话框。在“常规”选项卡中设置目标路径为“D:\”，单击“确定”按钮后，将在“D”盘下生成解压文件“产品销售方案.docx”，如图 7-48 所示。

图 7-48　“解压路径和选项”对话框

对于文件夹的压缩和解压缩方法同文件的操作一样，在此不再赘述。

【案例 7-4】360 安全卫士操作。

要求：

（1）对计算机进行体检，完成系统修复。

（2）对计算机木马查杀。

（3）对计算机清理。

具体步骤：

（1）启动 360 安全卫士，显示图 7-49 所示的主界面。

图 7-49　“360 安全卫士”主界面

（2）计算机体检。体检功能可以全面检查计算机的各项状况，体检完成后会提交一份优化计算机的建议，可以根据需求对计算机进行优化，也可以便捷地选择一键修复。单击主界面上的“电脑体检”图标，然后单击“立即体检”按钮开始对计算机进行系统体检，如图 7-50 所示。电脑体检完成后，单击“一键修复”按钮对系统进行修复。

图 7-50 “电脑体检”界面

（3）木马查杀。木马对计算机的危害非常大，及时查杀木马对安全上网来说十分重要。单击主界面上的“木马查杀”按钮，打开图 7-51 所示的界面。单击“快速查杀”、“全盘查杀”或“按位置查杀”按钮可查杀计算机里面存在的木马程序。

图 7-51 “木马查杀”界面

（4）电脑清理。电脑清理主要是对计算机中的垃圾、插件和痕迹进行清理。单击“电脑清理”按钮，打开图 7-52 所示的界面。单击“全面清理”按钮，360 安全卫士将对计算机进行全面扫描，扫描完成后，单击“一键清理”按钮完成对计算机的清理。

图 7-52　“电脑清理”界面

操 作 练 习

查看自己所用计算机的 IP 地址。

第8章

Access 2013

实训1　数据库、数据表的创建与修改

实训目的

（1）掌握 Access 2013 的启动与退出及数据库文件的创建。
（2）掌握 Access 2013 密码的设置。
（3）掌握 Access 2013 中表中数据的导入导出操作。
（4）掌握 Access 2013 中表的创建方法。
（5）掌握 Access 2013 中表的两种视图模式的使用。
（6）掌握 Access 2013 表主键及关系的设置。
（7）掌握表属性的相关设置，包括格式、掩码、有效性规则、默认值等。

实训内容

【案例 8-1】创建一个名为“JXDB”的空白桌面数据库，并将建好的数据库保存在“E:\Access 2013DB”文件夹中。

具体步骤：

（1）选择“开始”→“所有程序”→“Microsoft office Access 2013”→“Access 2013”命令，打开图 8-1 所示的 Access 2013 窗口。

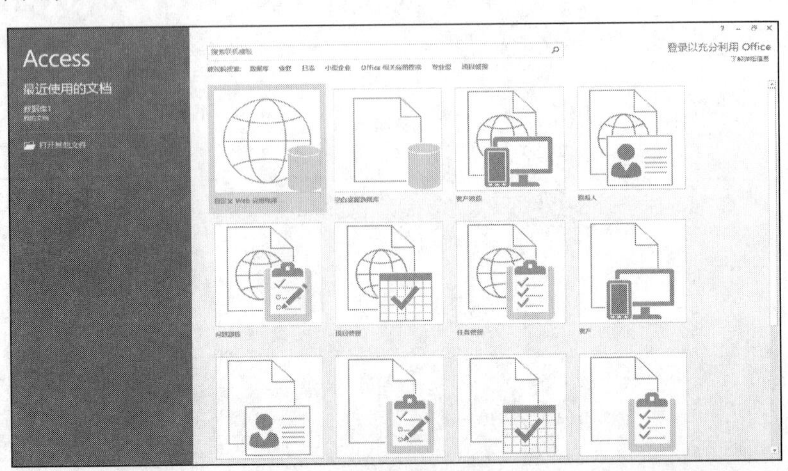

图 8-1　Access 2013 窗口

（2）单击“空白桌面数据库”，打开如图 8-2 示的“空白桌面数据库”对话框，在文件名文本框中输入文件名“JXDB”，单击后方的文件夹小图标，指定保存位置“E:\Access2013DB”。

（3）在“文件名”文本框中输入新建的数据库名“JXDB”，单击“创建”按钮，数据库文件“JXDB.accdb”便建立起来并存储到“E:\Access2013DB”文件夹中。打开图 8-3 示的“JXDB”数据库窗口。选择“文件”→“关闭”命令，关闭当前打开的数据库；或单击窗口右上方的“关闭”按钮，退出 Access。可进入“E:\Access2013DB”文件夹，查看所创建的文件。

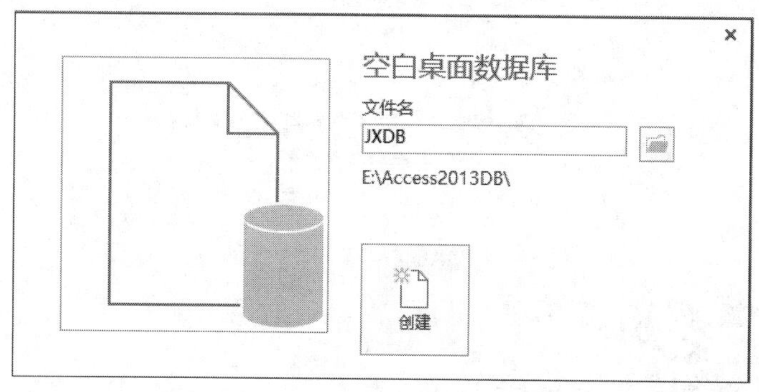

图 8-2 “空白桌面数据库”对话框

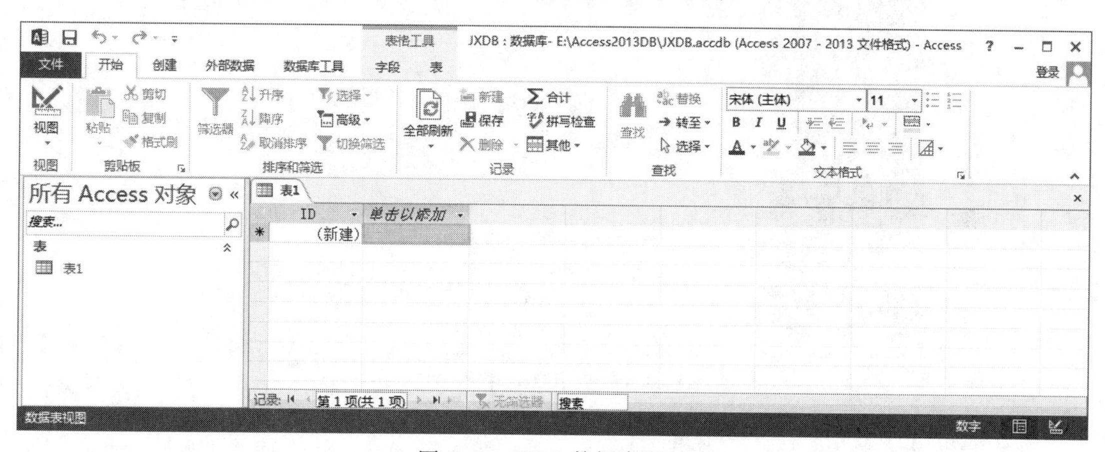

图 8-3 JXDB 数据库窗口

【案例 8-2】将建好的数据库进行数据库密码的设定与撤销操作。

具体步骤：

（1）启动 Access 2013，打开数据库“E:\Access2013DB \JXDB.accdb”文件。

（2）首先必须设置数据库默认的打开模式为“独占”方式。选择“文件”→“选项”命令，弹出图 8-4 所示的“Access 选项”对话框，选择“客户端设置”选项，在“默认打开模式”选项组中选中“独占”单选按钮，单击“确定”按钮。

（3）选择“文件”→“信息”命令，打开图 8-5 所示的“信息”子菜单。

（4）单击“用密码进行加密”按钮，弹出图 8-6 所示的“设置数据库密码”对话框。

（5）在“密码”文本框中输入要设置的数据库密码，在“验证”文本框中输入和上面相同的密码，这里输入“123”，完成后，单击“确定”按钮，弹出图 8-7 所示为“Microsoft Access”对话框。

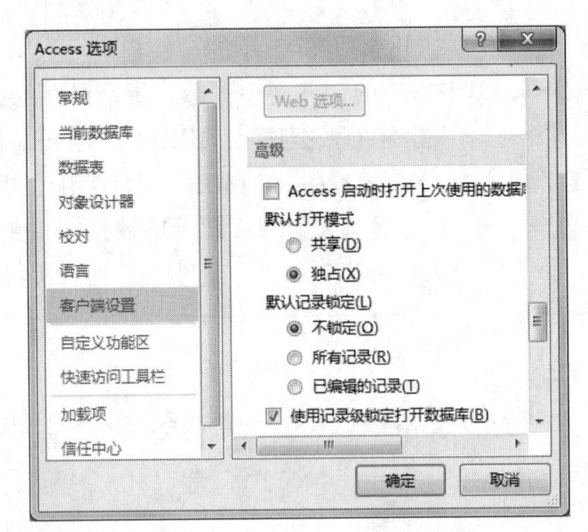

图 8-4 “Access 选项”对话框

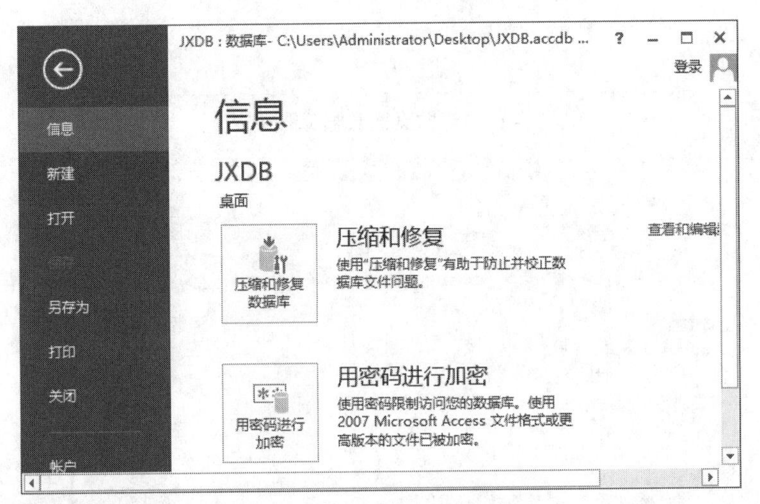

图 8-5 “信息”子菜单

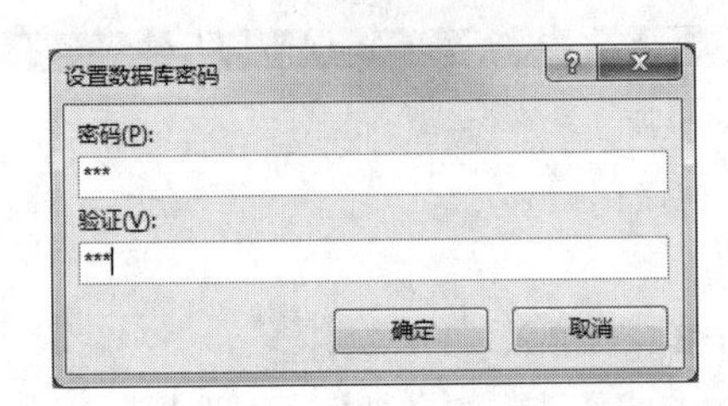

图 8-6 “设置数据库密码”对话框

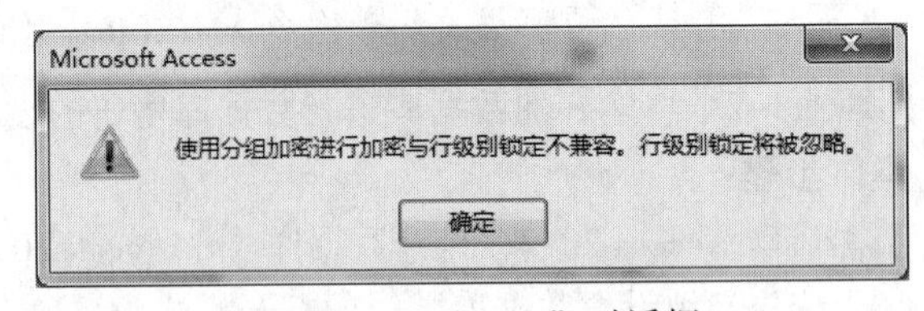

图 8-7 “Microsoft Access”对话框

（6）单击“确定”按钮，JXDB 数据库密码设置完成。设置数据库密码后，每当打开该数据库时都将打开“要求输入密码”对话框，如图 8-8 所示，当用户输入正确的密码后，单击“确定”按钮，方可打开该数据库。

用户可以解除对数据库设置的密码：

（1）以“独占”方式打开要解除密码的数据库。

（2）执行“文件”→“信息”命令，单击“解密数据库”按钮，弹出“撤销数据库密码”对话框，如图 8-9 所示。

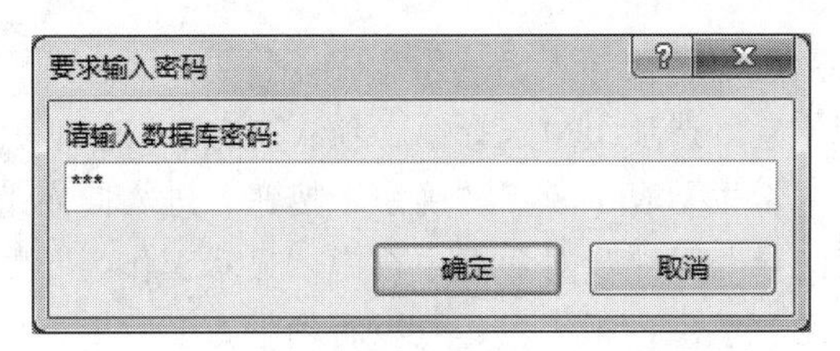

图 8-8　“要求输入密码”对话框

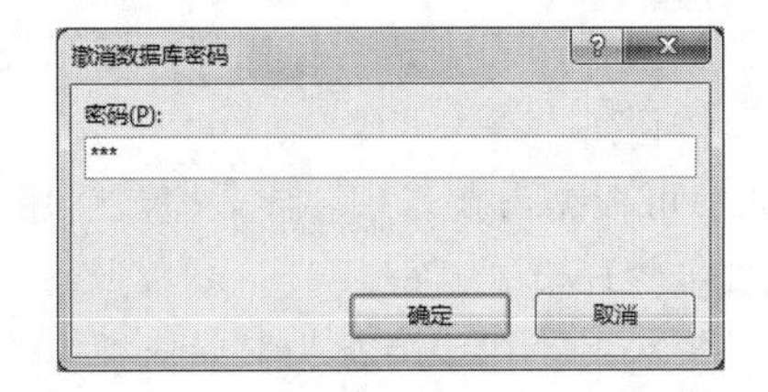

图 8-9　“撤销数据库密码”对话框

（3）在“密码”文本框中输入正确的密码，完成后，单击“确定”按钮。

（4）若输入的密码不对，将无法解除数据库密码。

【案例 8-3】 将“学生.xlsx”电子表格中的学生信息追加到“JXDB”数据库中“学生”表，并保存此次导入操作为“导入学生”；将“学生”表中的所有记录信息导出到“学生.txt”文件中，并保存此次导出操作为“导出学生”。

具体步骤：

（1）准备好即将导入的 Excel 文件，其数据内容如图 8-10 所示。

	A	B	C	D	E	F	G	H
1	学号	姓名	性别	出生日期	身高	院系	党员否	像片
2	15001	李小鹃	女	1997/2/10	160	计算机系	TRUE	
3	15002	王思	男	1996/10/8	185	计算机系	FALSE	
4	15003	欧阳文秀	男	1997/8/7	172	英语系	TRUE	
5	15004	王思	女	1997/11/20	158	计算机系	FALSE	
6	15005	陈新	男	1996/6/26	180	英语系	TRUE	
7	15006	李爱华	男	1998/1/8	170	数学系	FALSE	

图 8-10　导入 Excel 文件的内容

（2）打开“JXDB”数据库，单击“外部数据”选项卡→“Excel”按钮（见图 8-11），打开获取外部数据对话框。

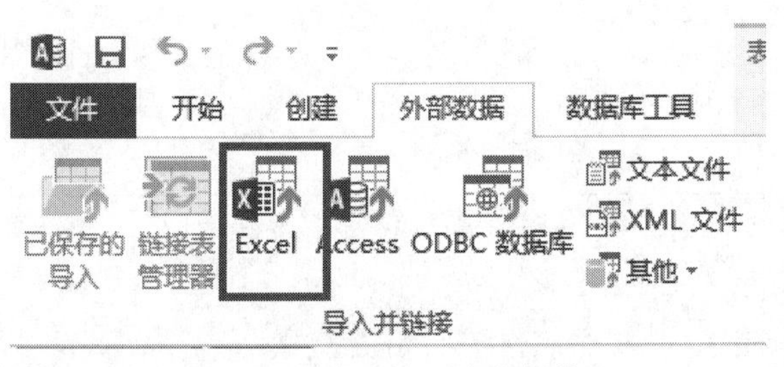

图 8-11　导入电子表格操作

（3）单击“浏览”按钮选定将被导入的“学生.xlsx”文件，在下方的“指定数据在当前数据库中的存储方式和存储位置”选项组中选择第二项：“向表中追加一份记录的副本”，并且在右侧的下拉列表框中选中“学生”表，单点“确定”按钮，进入向导第一步。

（4）在“导入数据表向导”第一步对话框中选中“显示工作表”复选框，在右侧的工作表列框中选择含有学生信息的“学生”工作表，可以看到下方显示出工作表中的学生记录信息，单击“下一步”按钮。

（5）在导入向导第二步中，根据工作表中是否存在列标题来确定第一行包含列标题，这里选中此复选框，单击“下一步”按钮。

（6）显示导入到“学生”表，可根据需要选中“导入完成后用向导对表进行分析”复选框，单击“完成”按钮进入保存导入步骤环节。

（7）选中“保存导入步骤”复选框，在“另存为”对话框中输入，“导入学生”，单击“保存导入”按钮完成导入操作，可以在数据透视表视图下查看“学生”表中记录的追加情况。

【案例 8-4】将“学生”表中的记录信息导出到文本文件“学生.txt”，要求导出列标题，并且字段间以逗号分隔。

具体步骤：

（1）打开“JXDB”数据库，在 Access 对象区选中“学生”表，单击“外部数据”选项卡→“文本文件（导出组）”按钮，如图 8-12 所示，打开“导出文本向导”对话框。

图 8-12 单击“文本文件”按钮

（2）单击“浏览”按钮指定文件名及保存路径，单击“确定”按钮，进入“导入文件向导”对话框。

（3）在向导第一步确定导出信息的分隔符，选中“带分隔符”单选按钮，单击“下一步”按钮。

（4）向导第二步中，选择分隔符为“逗号”，选中“第一行包含字段名称”复选框，单击“下一步”按钮，如图 8-13 所示。

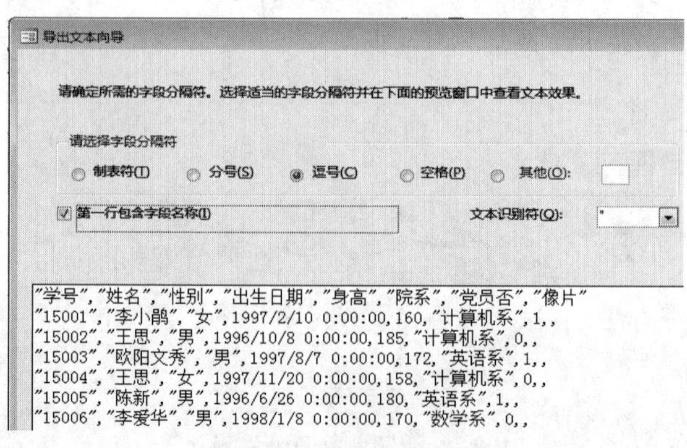

图 8-13 数据导出向导

（5）向导第三步，提示导出记录信息到指定文件的路径入文件名，确定无误后单击“完成”按钮。

（6）无须保存导出操作，直接单击“关闭”按钮完成操作。

（7）打开所导出的文本文件，查看导出信息是否正确。

【案例 8-5】创建“学生表”，具体要示：在“JXDB.accdb”数据库中创建“学生表”，用来表示学生的基本信息，表中所包含的字段、数据类型及其说明如表 8-1 所示。

表 8-1　学生基本信息

字段名称	数据类型	说　明
学号	短文本	学生编号，每位学生都有唯一编号
姓名	短文本	学生姓名
性别	短文本	学生性别
出生日期	日期/时间	学生的出生日期
身高	数字	学生的身高，以厘米为单位
院系	短文本	学生所在院系
党员与否	是/否	是为党员，否为非党员
评语	长文本	学生备注信息
相片	OLE 对象	学生照片

具体步骤：

Access 2013 可以通过“创建”→“表”按钮新建一个空表，可以在数据透视图模式下完成表的创建，也可以在设计视图模式下完成表的创建工作，这里使用设计视图模式：

（1）创建表。打开“JXDB”数据库，然后单击“创建”选项卡→“表设计”按钮，如图 8-14 所示，Access 2013 基本的管理对象都位于此选项卡中。

（2）添加字段及其数据类型。根据对字段及数据类型等的要求，在设计视图的上半部分“字段名称”列输入预先定义好的字段名，在“数据类型”列选择字段的数据类型，“说明”列输入字段的说明信息。右击“学号”字段左方的记录选定区，在弹出的快捷菜单中选择“主键”命令，将“学号”字段设置为学生表的主键，如图 8-15 所示。

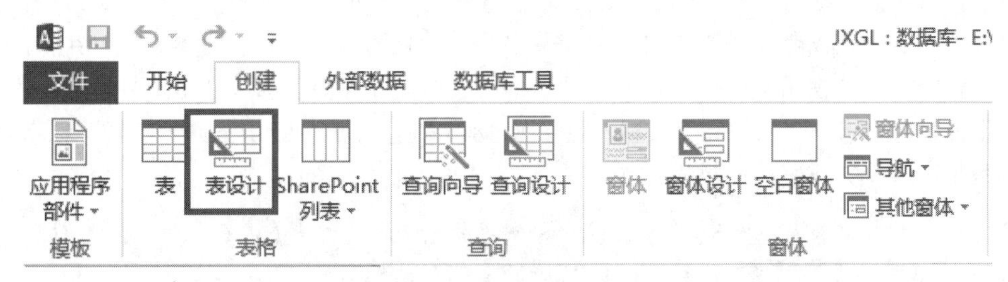

图 8-14　单击“表设计”按钮

（3）单击设计视图（上图右上方）的“关闭”按钮，系统会提示是否保存对所设计表的操作，单击“是”按钮，在另存为“对话框中输入要保存表的名称学生”，单击“确定”按钮，如图 8-16 和图 8-17 所示，即可完成对表设计的保存工作。

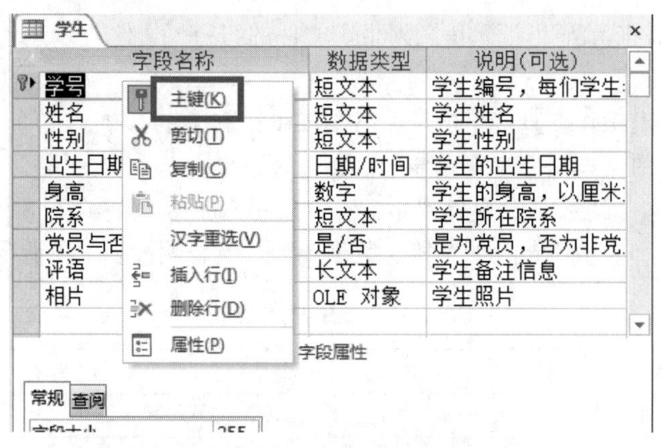

图 8-15 设置主键

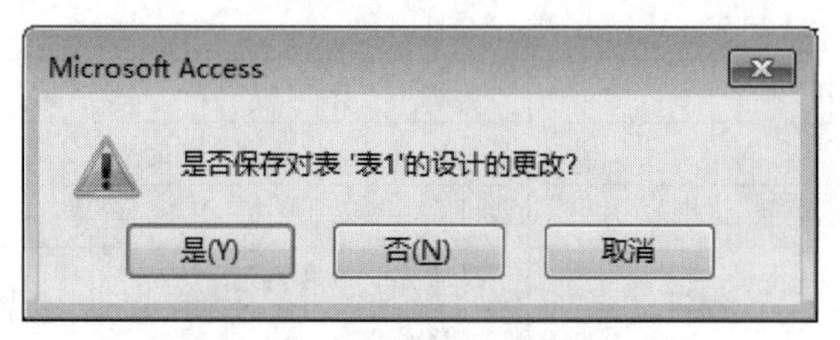

图 8-16 提示对话框

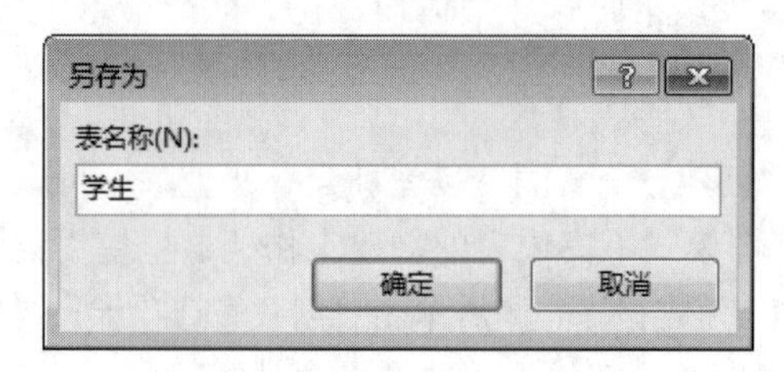

图 8-17 “另存为”对话框

【案例 8-6】在“学生”表中的“出生日期”字段前添加字段“年龄”，将“评语”字段移动至最后，删除“年龄”字段。

具体步骤：

（1）插入字段。双击打开“学生”表，单击“开始”选项卡→“视图”按钮，以设计视图模式打开“学生”表或者打开“JXDB”数据库，在对象区右击，选择“学生”表，在弹出的快捷菜单中选择“设计视图”命令，即打开“学生”表的设计视图。选中“出生日期”字段，再单击“设计”选项卡→“插入行”按钮（见图 8-18），在添加的空行中输入“年龄”新字段名，设置其数据类型，完成字段的插入操作。

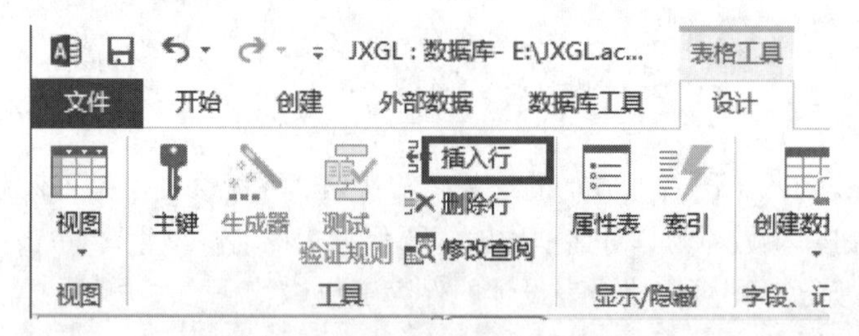

图 8-18 单击“插入行”按钮

（2）移动字段。单击“评语”字段，拖动该字段到末尾。

（3）删除字段。右击“年龄”字段，在弹出的快捷菜单中选择“删除行”命令（见图 8-19），在弹出的确认对话框中单击“是”按钮，即完成删除字段操作。

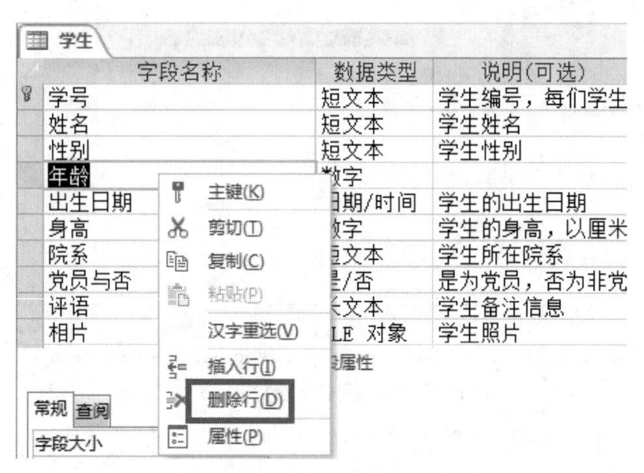

图 8-19 选择“删除行”命令

【案例 8-7】修改“学生”表中“院系”字段的类型为“查阅向导”，参照“部门”表中“部门名”的取值。“部门”表结构信息如表 8-2 所示。

表 8-2 “部门”关系结构表

字段名称	数据类型	说明
部门名	文本	教学院系名称
电话	文本	教学院系办公电话
办公地点	文本	教学院系所在地址

具体步骤：

（1）“部门”表的创建及记录信息的录入同任务一。

（2）打开“学生”表的设计视图模式，修改“院系”字段数据类型为查阅向导，在“查阅向导”对话框中选中“使用查阅字段获取其他表或查询中的值”单选按钮，如图 8-20 所示。

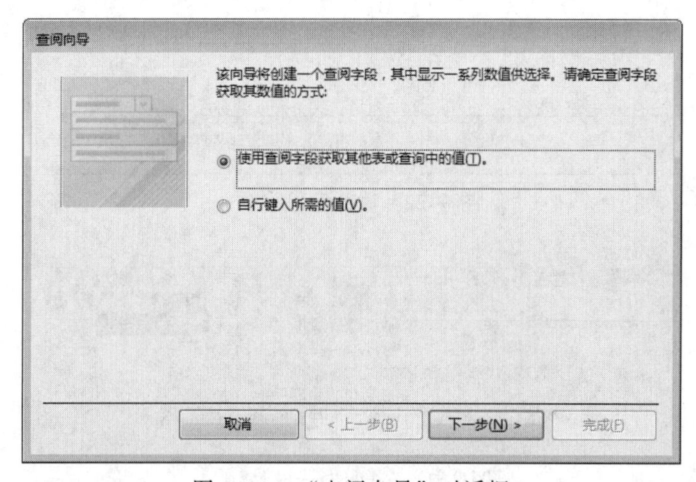

图 8-20 “查阅向导”对话框

（3）单击“下一步”按钮，选择“部门”表，如图 8-21 所示。

图 8-21　选择“部门”表

（4）再点击“下一步”，确定“院系”字段所参照的信息来源“部门名”字段，如图 8-22 所示。

（5）设置字段的排序，继续单击“下一步”按钮。

（6）设置字段宽度，可以拖动边框进行调整，继续单击“下一步”按钮。

（7）设置查询字段标签，单击“完成”按钮结束操作。

（8）将“学生”表切换到数据透视图方式，如图 8-23 所示，单击记录中“院系”字段值，可以从下拉列表中选取新的值，达到修改字段值的效果。

图 8-22　确认字段来源

学生

	学号	姓名	性别	出生日期	身高	院系	党员否
	15001	李小鹃	女	1997/2/10 星期一	160	计算机	☑
	15002	王思	男	1996/10/8 星期二	185	计算机系	☐
	15003	欧阳文秀	男	1997/8/7 星期四	172	数学系	☑
	15004	王思	女	1997/11/20 星期四	158	英语系	☐
	15005	陈新	男	1996/6/26 星期三	180	英语系	☑
	15006	李爱华	男	1998/1/8 星期四	170	数学系	☐
*			男		0		☐

图 8-23　查阅向导的使用

【案例 8-8】设置“学生”表中“性别”字段长度为 1，取值范围为“男”或“女”，默认值为“男”，并且不允许为空；“出生日期”字段的格式为 1992 年 05 月 20 日，并且取值位于 1990 年 1 月 1 日 —1995 年 12 月 30 日之间，否则提示“你输入的日期超出允许范围”。设置“部门”表中“电话”的格式为 010-8622001，在输入的同时提示：010—__（　　　）。

具体步骤：

（1）打开“学生”表的设计视图，单击“性别”字段，在视图的下半部分选择“常规”选项卡，做如下属性的设置（见图 8-24）：

字段大小：1

默认值：“男”

有效性规则：“男” or “女”

必填字段：是

常规	查阅
字段大小	1
格式	
输入掩码	
标题	
默认值	"男"
验证规则	"男" Or "女"
验证文本	
必需	否
允许空字符串	是
索引	无
Unicode 压缩	是

图 8-24　字段属性设置

（2）单击“出生日期”字段，在视图下半部分“常规”选项卡做如下属性设置：

格式：yyyy\年 mm\月 dd\日

有效性规则：Between #1990-1-1# And #1995-12-30#（如果系统自动在日期后添加星期，则需要日期格式，否则会影响规则的使用）。

有效性文本：你输入的日期超出允许范围，如图 8-25 所示。

常规	查阅
格式	yyyy\年mm\月dd\日
输入掩码	
标题	
默认值	
验证规则	Between #1990/1/1# And #1995/12/30#
验证文本	你输入的日期超出允许范围
必需	否
索引	无
输入法模式	关闭
输入法语句模式	无转化
文本对齐	常规
显示日期选取器	为日期

图 8-25　字段属性设置

（3）在“部门”表设计视图中单击“电话”字段，在“常规”选项卡设置输入掩码为 "010-"00000000;0，如图 8-26 所示。

常规	查阅
字段大小	12
格式	
输入掩码	"010-"00000000;0;0
标题	

图 8-26　字段属性设置

实 践 练 习

（1）创建 Excel 文件，输入教工相关信息，并保存为“教工.xlsx”，将其导入到“JXDB”数据库中的“教工”表中。

（2）将“教工”表中的信息导出为文本文件：教工.txt，字段内容以逗号分隔，并包含标题信息。

实训2　查询的创建与修改

实 训 目 的

（1）理解 Access 2013 中查询的种类及其各自的特点和使用场景。

（2）掌握算术运算符、逻辑运算符、比较运算符、字符串操作运算符、通配符和特殊运算符（In、Between、Like）的使用。

（3）掌握常用内置函数的使用。

（4）掌握查询准则的书写规则和方法。

（5）了解使用“查询向导”创建查询的方法和步骤。

（6）掌握使用“查询设计”创建单表查询、多表查询、排序分组查询的方法和步骤。

实 训 内 容

【案例 8-9】使用“查询向导”创建一个查询，查询学生选课成绩，所需字段包括：“学生”表中的“学号”、“姓名”、“性别”，“课程”表中的“课程名称”，“成绩”表中的“成绩”5 个字段。

具体步骤：

（1）打开教学管理数据库“JXGL.accdb”，单击“创建”选项卡→“查询”组→“查询向导”按钮，如图 8-27 所示。

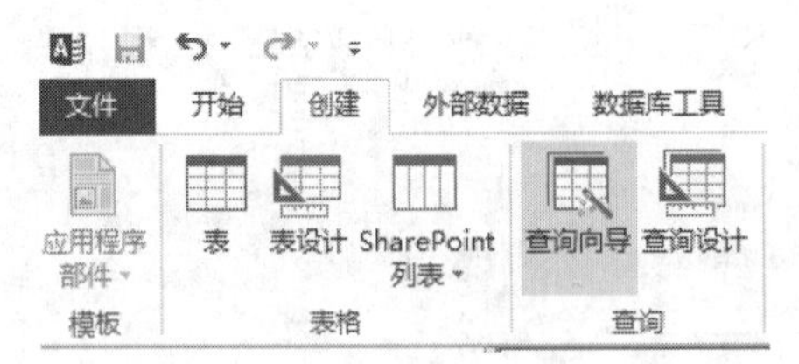

图 8-27　单击“查询向导”按钮

（2）打开图 8-28 所示的“新建查询”对话框，选择“简单查询向导”，单击“确定”按钮。

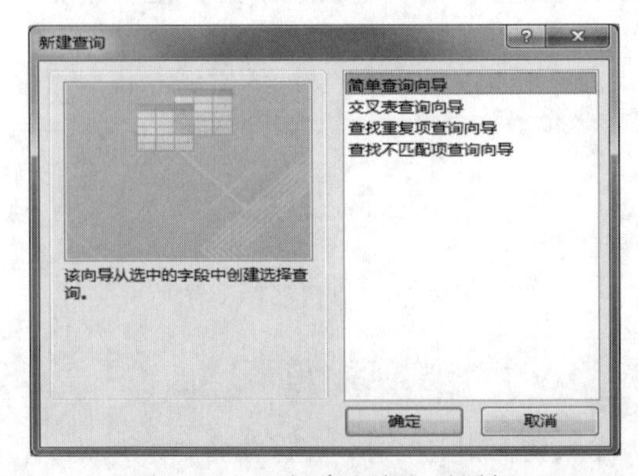

图 8-28　“新建查询”对话框

（3）在“简单查询向导”中，如图 8-29 所示，单击“表/查询”下拉按钮，在弹出的下拉列表中选择“表：学生”选项；在“可用字段”列表框中，双击“学号”、“姓名”、“性别”3 个字段将其添加到“选定字段”列表框中；同样方法将“表：课程”与“表：成绩”中的“课程名称”和“成绩”字段分别添加到“选定字段”列表框中。

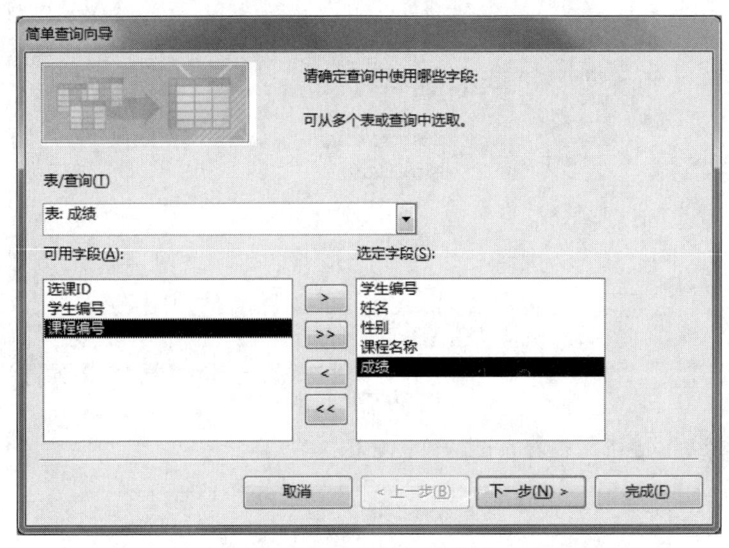

图 8-29　字段选择结果

（4）在“选定字段”列表框中检查核实是否已将全部所需字段正确添加进来，如图 8-29 所示，确认无误后，单击“下一步”按钮。

（5）在弹出的对话框中选中“明细（显示每个记录的每个字段）”单选按钮，如图 8-30 所示，单击“下一步”按钮。

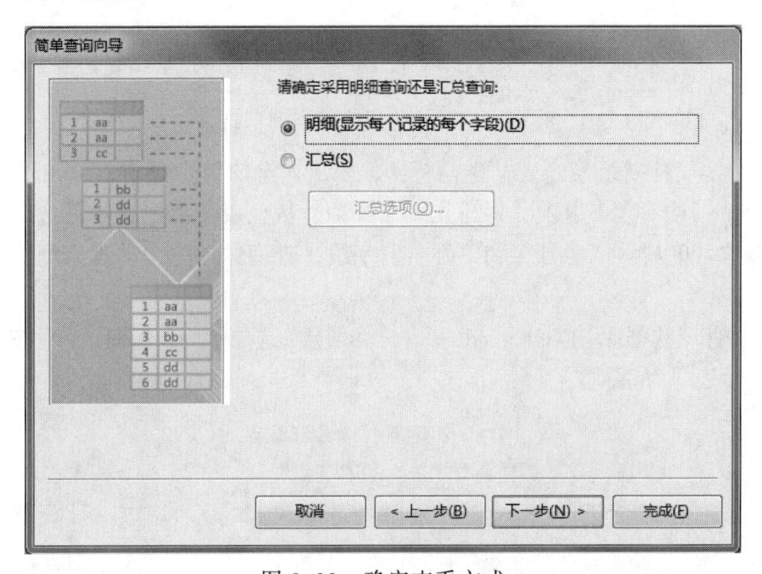

图 8-30　确定查看方式

（6）如图 8-31 所示，在“请为查询指定标题”文本框中输入“学生选课成绩查询”，然后选中“打开查询查看信息”单选按钮。

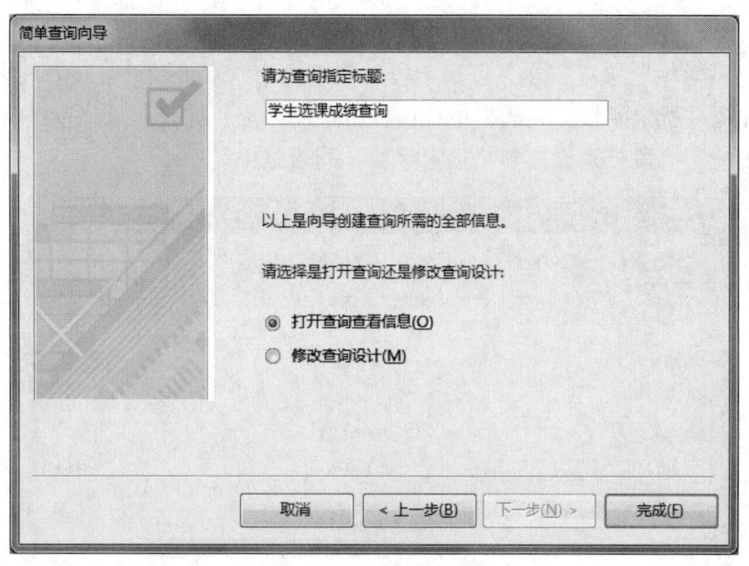

图 8-31 为查询指定标题

（7）单击“完成”按钮，查看查询结果，如图 8-32 所示。

学生选课成绩查询

学生编号	姓名	性别	课程名称	成绩
980105	刘力	男	计算机实用软	77
990403	徐克	男	计算机基础	80
980105	刘力	男	英语	96
980105	刘力	男	高等数学	88
980104	刘红	女	计算机实用软	75
980104	刘红	女	英语	67
980104	刘红	女	高等数学	77
980301	王海	男	高等数学	79
980302	李海亮	男	计算机实用软	84

记录：第 1 项(共 43 项　无筛选器　搜索

图 8-32 “学生选课成绩查询”结果

【案例 8-10】学校计划组建一支学生模特队，要求入选的男生身高必须在 175 cm（含）以上，女身高在 165 cm（不含）以上，请建立一个查询，从全校学生中初步筛选出满足条件的学生参加面试，面试名单显示“学号”和“姓名”字段，查询保存为“单表查询”。

具体步骤：

（1）打开教学管理数据库“JXGL.accdb”，单击“创建”选项卡→“查询设计”按钮，如图 8-33 所示，弹出“显示表”对话框。

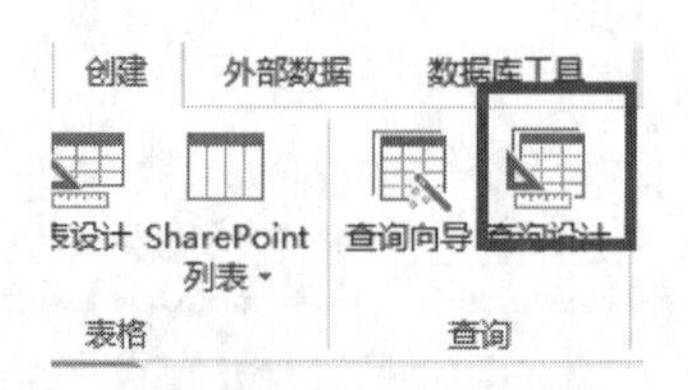

图 8-33 单击“查询设计”按钮

（2）在“显示表”对话框中选中“学生”表，单击“添加”按钮，如图 8-34 所示。

图 8-34 “显示表”对话框

（3）将要查询设计视图上方字段列表区中的“学号”、“姓名”、“身高”和“性别”字段依次按序拖动到查询设计视图下方设计网格中（双击所需字段名称亦可完成此步骤）。

（4）在“显示”行，取消选中作为条件字段“身高”“性别”的复选框。

（5）在“条件”行的“身高”字段对应输入“>=175”，“性别”字段对应输入“"男"”。

（6）在“或”行的“身高”字段对应输入“>165”，“性别”字段对应输入“"女"”如图 8-35 所示。

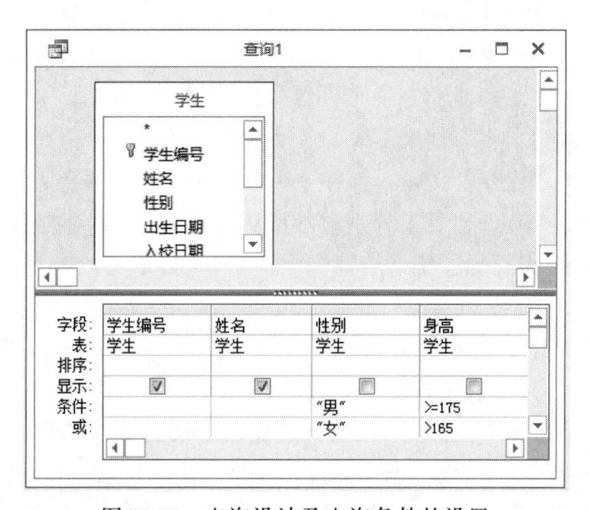

图 8-35 查询设计及查询条件的设置

（7）单击“运行”按钮，查看查询结果。

（8）单击快速访问工具栏中的“保存”按钮，保存查询，命名为“单表查询”，单击“确定”按钮完成。

【案例 8-11】建立一个多表联合查询，要求显示“计算机系”学生的“学号”、“姓名”、“课程名”和“学分”字段信息，保存为多表查询。

具体步骤：

（1）打开教学管理数据库“JXGL.accdb”，单击“创建”选项卡→“查询设计”按钮，弹出“显示表”对话框，将“学生”表、“选修”表和“课程”表添加到设计视图，如图 8-36 所示。

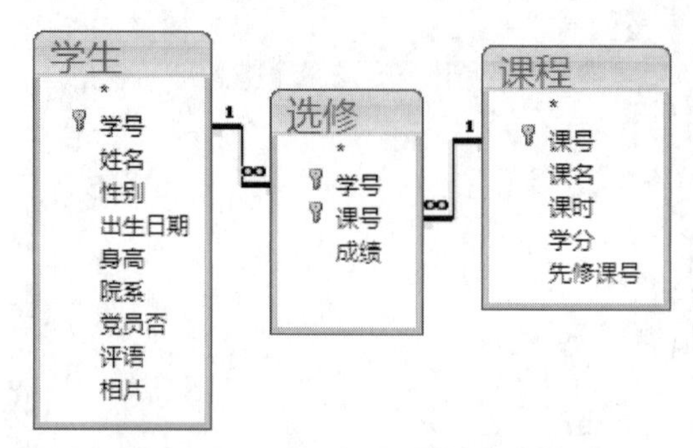

图 8-36　添加表到查询设计视图

（2）依次双击查询设计器上半部分字段列表区“学生”表中的“学号”、“姓名”和“院系”字段，“课程”表的“课名”和“学分”字段，选修表的“成绩”字段，添加到查询设计器下半部分的设计网格中。

（3）在“条件”行输入“"计算机系"”（见图 8-37），拖动“字段”列可以更改字段的显示顺序。

字段:	学号	姓名	课名	成绩	学分	院系
表:	学生	学生	课程	选修	课程	学生
排序:						
显示:	☑	☑	☑	☑	☑	☑
条件:						"计算机系"
或:						

图 8-37　查询设计及查询条件的设置

（4）单击“运行”按钮，查看结果。

（5）单击工具栏中的“保存”按钮，保存查询命名为“多表联合查询”。

【案例 8-12】建立一个查询，要求分别显示计算机系男生女生的成绩：最高分、最低分和平均分（保留一位小数），保存为“统计查询”。

具体步骤：

（1）打开教学管理数据库“JXGL.accdb”，单击“创建”选项卡→“查询设计”按钮，弹出“显示表”对话框，将“学生”表、“选修”表添加到设计视图。

（2）将“选修”的“成绩”字段连续三次拖动到设计视图下方的设计网格，并且将“学生”表的 “性别”和“所属院系”字段也添加到查询设计器下方的设计网格中。

（3）单击“设计”选项卡→“显示/隐藏”组→“汇总”按钮（见图 8-38），在设计视图下方增加“总计”行。在“总计”行将“性别”字段列设置为“Group By”。第一个成绩列更改列名为“最高分:成绩”，“总计”行设置为“最大值”；第二个成绩列更名为“最低分:成绩”，“总计”行设置为“最小值”；第三个成绩列更名为“平均分:成绩”，“总计”行设置为“平均值”；所属“院系”列“总计”行设置为“Where”，并在“条件”行输入“计算机系”，并取消“显示”行的选中状态，如图 8-39 所示。

图 8-38　汇总查询

字段:	性别	最高分: 成绩	最低分: 成绩	平均分: 成绩	所属院系
表:	学生	成绩	成绩	成绩	学生
总计:	Group By	最大值	最小值	平均值	Where
排序:					
显示:	☑	☑	☑	☑	☐
条件:					"计算机系"
或:					

图 8-39　查询设计及查询条件的设置

（4）修改平均分属性使其只留一位小数。选中“平均分”列，右击，在弹出的快捷菜单中选择“属性”命令，打开“属性表”窗格，在“常规”选项卡中设置格式为“固定”，小数位数为“1”，如图 8-40 所示。

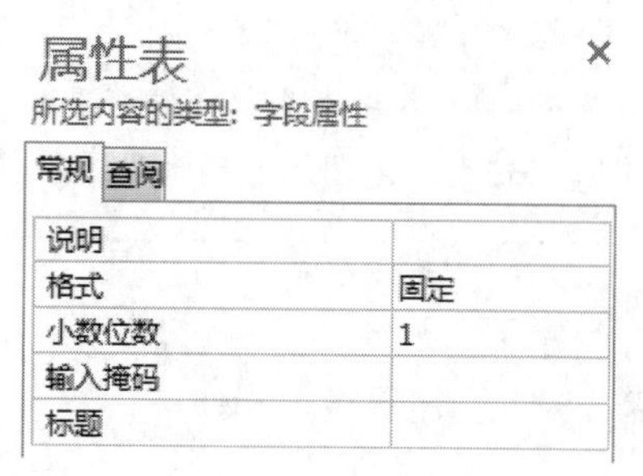

图 8-40　查询设计表属性的设置

（5）单击“运行”按钮，查看结果。

（6）单击快速访问工具栏中的“保存”按钮，保存查询，命名为“统计查询”。

【案例 8-13】建立一个多参数查询，要求根据输入的教工所属部门名称和职称，查看不同部门不同职称的教工名单，显示“系别”、“职称”、“职工号”和“姓名”等字段，保存为“教工多参数查询”。

具体步骤：

（1）打开教学管理数据库“JXGL.accdb”，单击“创建”选项卡→“查询设计”按钮，弹出“显示表”对话框，将“教师”表添加到设计视图。

（2）将“系别”、“职称”、“编号”和“姓名”字段拖动到设计视图下方的字段列表区。

（3）在“条件”行“系别”字段列设置为“[请输入部门名称:]”，“职称”字段列设置为“[请输入职称:]”，如图 8-41 所示。

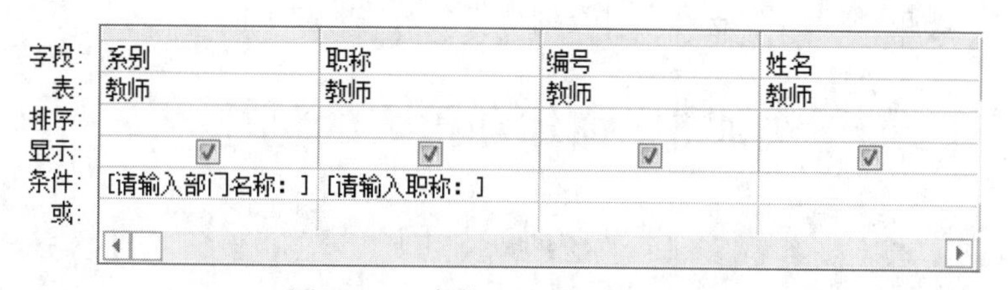

图 8-41　参数查询条件的设置

（4）单击“运行”按钮，弹出“输入参数值”对话框，如图 8-42。

在“请输入部门名:”文本框中输入“经济”，然后单击“确定”按钮。这时又出现第二个“请输入职称:”对话框，如图 8-43 所示。在“请输入职称名:”文本框中输入“讲师”，然后单击“确定”按钮。这时就可以看到相应的查询结果，如图 8-44 所示。

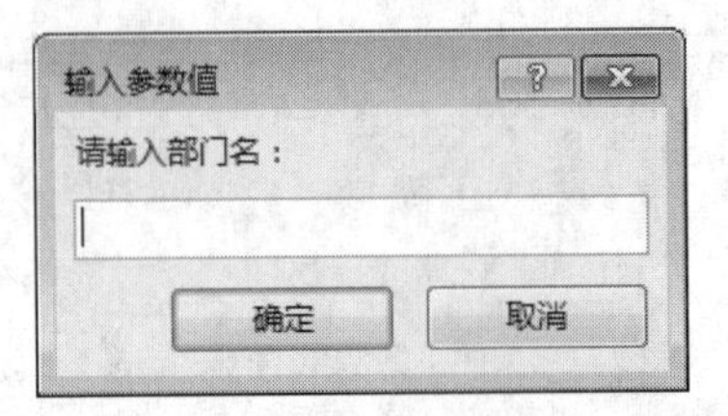

图 8-42 “部门”参数输入对话框

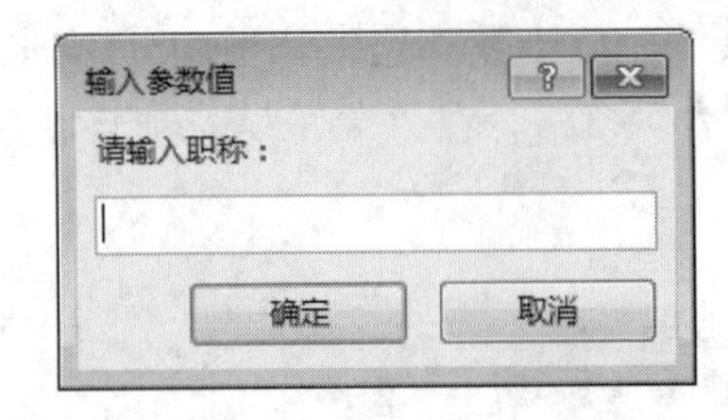

图 8-43 “职称”参数输入对话框

图 8-44 参数查询参结果

（5）单击快速访问工具栏中的“保存”按钮，将该参数查询保存为“教工多参数查询”，单击“确定”按钮完成。

操作练习

（1）创建一个查询，查找并显示年龄小于等于 25 的学生的“学号”、“姓名”和“出生日期”，并按年龄从小到大排列。

（2）查询具有“书法”爱好的团员学生名单。

（3）统计各类职称教工人数。

（4）分别统计各类职称教工的平均工资。

（5）根据输入的参加工作年份和职称查询出符合条件的教工信息。

实训 3 窗体和报表的创建

实训目的

（1）了解窗体的特点和分类。

（2）掌握不同种类型的窗体创建方法。

（3）学会用 Access 2013 提供的各种向导快速创建窗体。

（4）学会用窗体的“设计视图”创建窗体。

（5）掌握报表的基本概念。

（6）能够使用“报表向导”创建报表。

（7）能够输入相关的记录源。

（8）能够调整报表的版面格式等信息。

实训内容

【案例 8-14】使用“窗体”工具创建窗体。

具体步骤：

（1）在对象导航窗格中，选中“表”对象下的“学生”表。

（2）单击“创建”选项卡→“窗体”组→“窗体”按钮，结果如图 8-45 所示。

在图 8-45 中，不仅显示了“学生”信息，还显示了“选课记录”信息，这是由于“学生”表与“成绩”表建立了一对多的表关系。

（3）单击快速访问工具栏中的“保存”按钮，保存窗体，命名为“学生”，单击“确定”按钮完成。

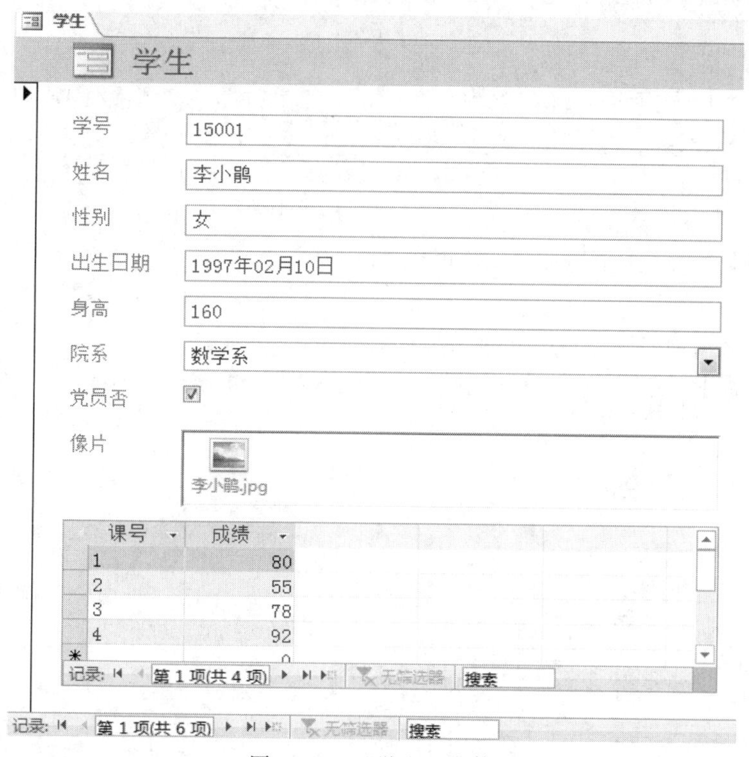

图 8-45 “学生”窗体

【案例 8-15】使用“分割窗体”工具创建窗体。

具体步骤：

（1）在对象导航窗格中，选中“表”对象下的“教师”表，或者在数据表视图中打开该“教师”表。

（2）单击“创建”选项卡→“窗体”组→“其他窗体”→“分割窗体”按钮，结果如图 8-46 所示。

（3）单击快速访问工具栏中的“保存”按钮，保存窗体，命名为“教师”，单击“确定”按钮完成。

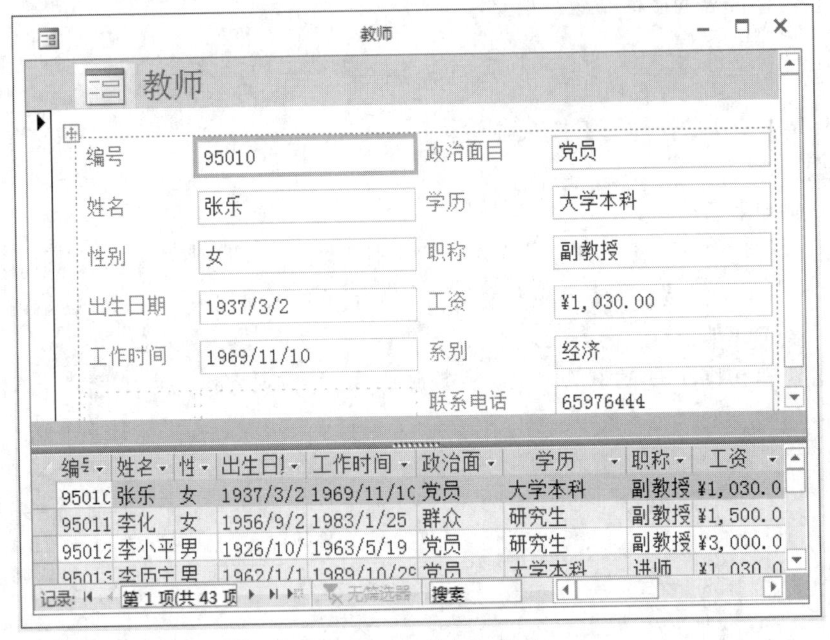

图 8-46 “教师”窗体

【案例 8-16】使用“多个项目”工具创建窗体。

具体步骤：

（1）在对象导航窗格中，选中“部门”表。

（2）单击“创建”选项卡→“窗体”组→“其他窗体”→“多个项目”按钮，结果如图 8-47 所示。

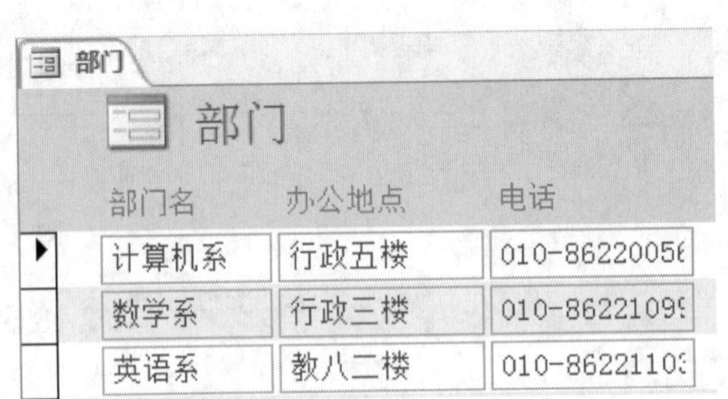

图 8-47 “部门”窗体

（3）单击快速访问工具栏中的“保存”按钮，保存窗体，命名为“部门”，单击“确定”按钮完成。

【案例 8-17】使用“窗体向导”创建窗体。

具体步骤：

（1）单击“创建”选项卡→“窗体”组→“其他窗体”→“窗体向导”按钮，弹出“窗体向导”对话框，如图 8-48 所示。

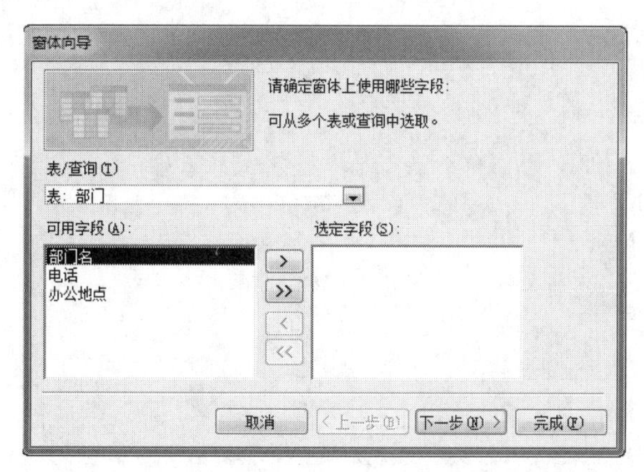

图 8-48　“窗体向导”对话框

（2）从“表/查询”下拉列表中选择“学生”表，并从“可用字段”列表框中选择所有字段，结果如图 8-49 所示。

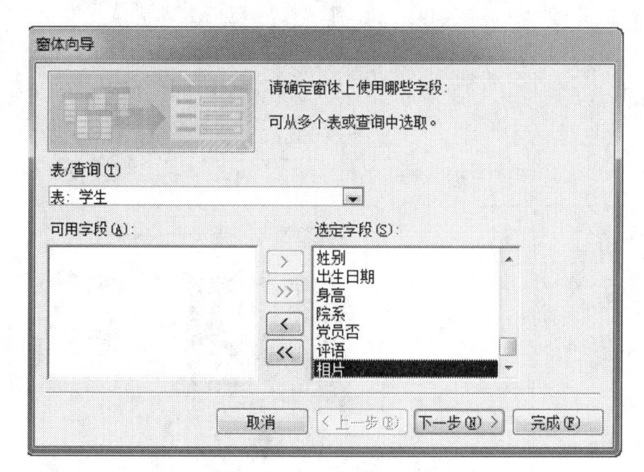

图 8-49　字段选择

（3）单击“下一步”按钮，选择窗体使用的布局方式，这里保持默认选项（纵栏表），如图 8-50 所示。

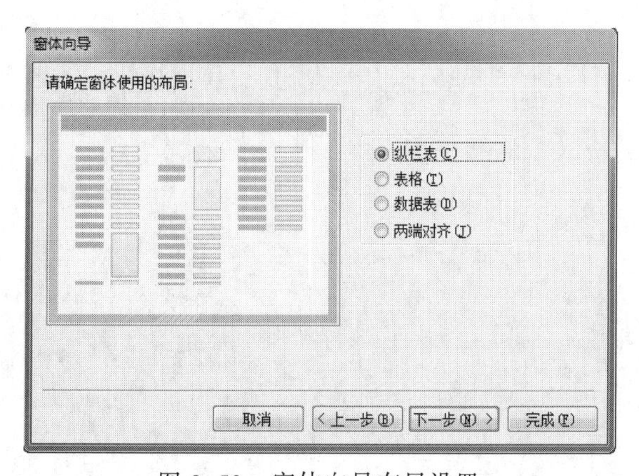

图 8-50　窗体向导布局设置

（4）单击“下一步”按钮，为窗体指定标题，输入“学生窗体”，并选中“打开窗体查看或输入信息”单选按钮，如图 8-51 所示。

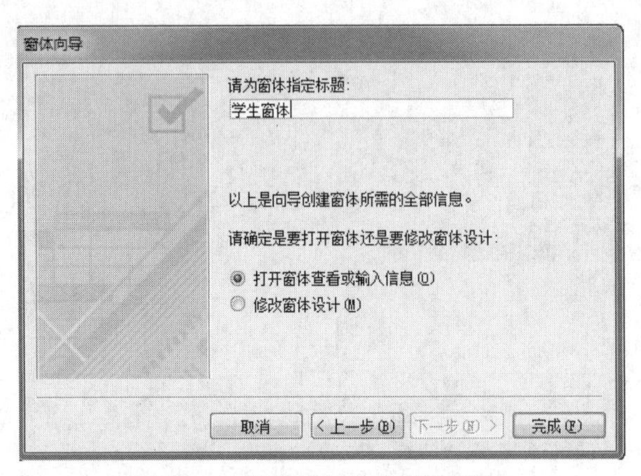

图 8-51　窗体向导窗体标题设置

（5）单击“完成”按钮，查看设计结果，如图 8-52 所示。

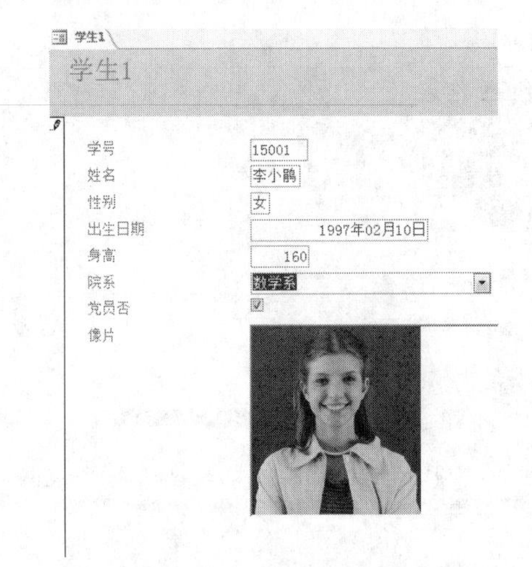

图 8-52　窗体效果

【案例 8-18】使用“空白窗体”工具创建窗体。

具体步骤：

（1）单击“创建”选项卡→“窗体”组→“空白窗体”按钮，结果如图 8-53 所示。

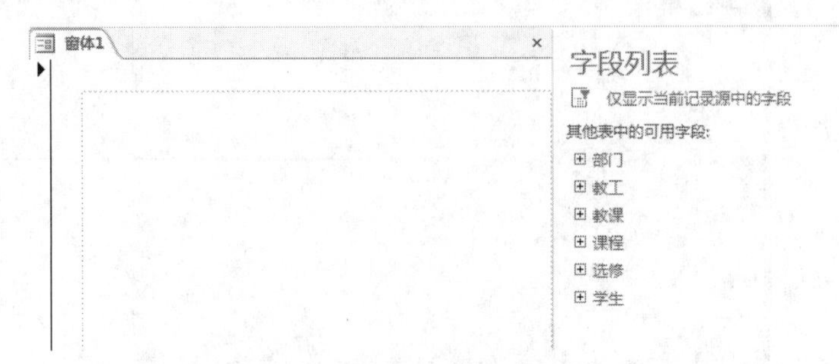

图 8-53　创建窗体

（2）在图 8-53 中右侧的“字段列表”中，双击“课程”下的“课号”、“课名”和“学分”字段到左边的“窗体 1”中，如图 8-54 所示。

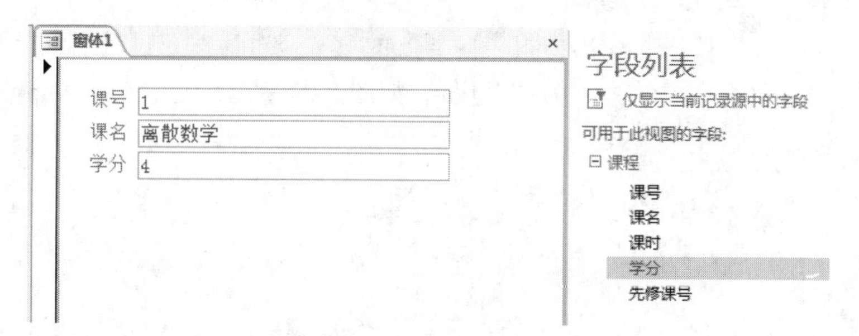

图 8-54　为空白窗体添加字段

（3）将窗体从“布局视图”切换到“窗体视图”，查看窗体设计效果，如图 8-55 所示。

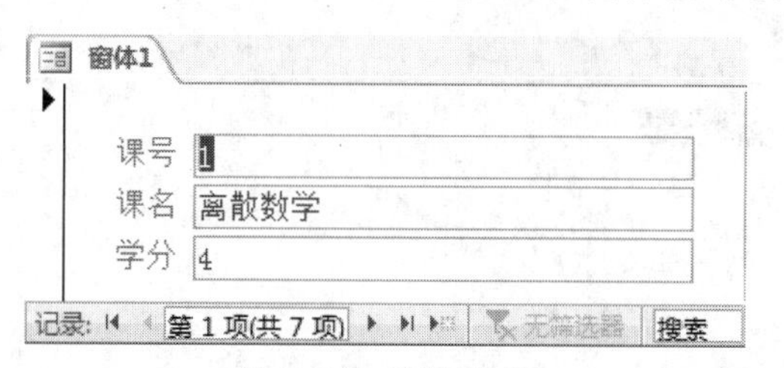

图 8-55　窗体效果

（4）单击快速访问工具栏中的“保存”按钮，保存窗体，命名为“课程”，单击“确定”按钮完成。

【案例 8-19】在“JXDB”数据库中，以“学生”表为基础，利用向导创建一个学生报表。

具体步骤：

（1）在“JXDB”数据库中，选择“创建”选项卡。

（2）单击“报表”组中的“报表向导”按钮，弹出“报表向导”的第一个对话框，选择“学生”表作为数据源，并选定所有字段，如图 8-56 所示。

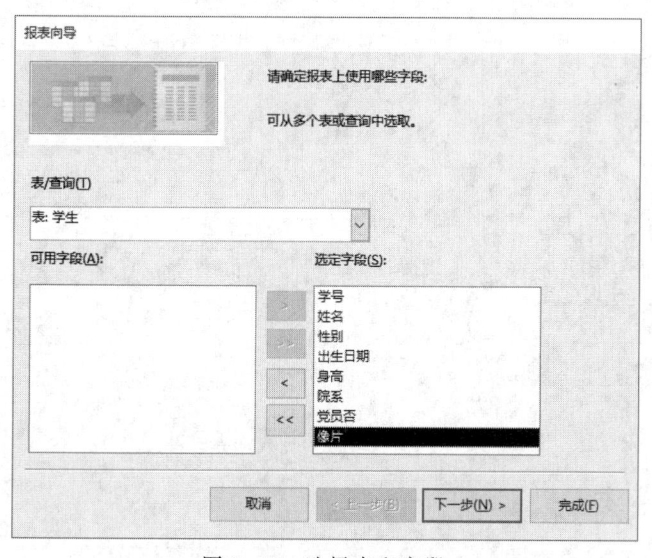

图 8-56　选择表和字段

（3）单击“下一步”按钮，弹出“报表向导”的第二个对话框，设置“院系”字段作为分组级别，如图 8-57 所示。

（4）单击“下一步”按钮，弹出“报表向导”的第三个对话框，设置明细信息使用的排序次序和汇总信息，这里选择“学号”为“升序”，如图 8-58 所示。

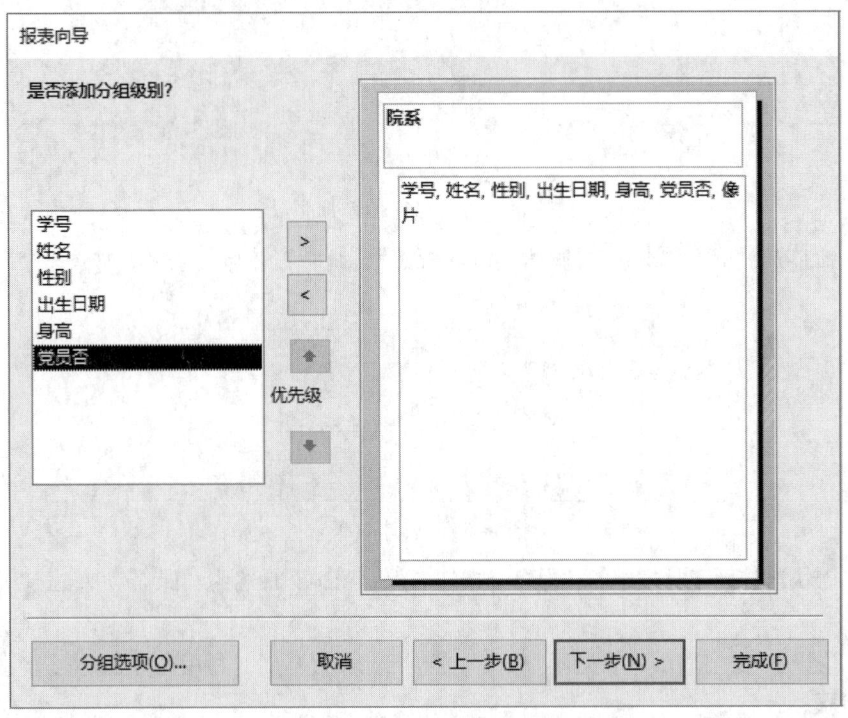

图 8-57　添加分组

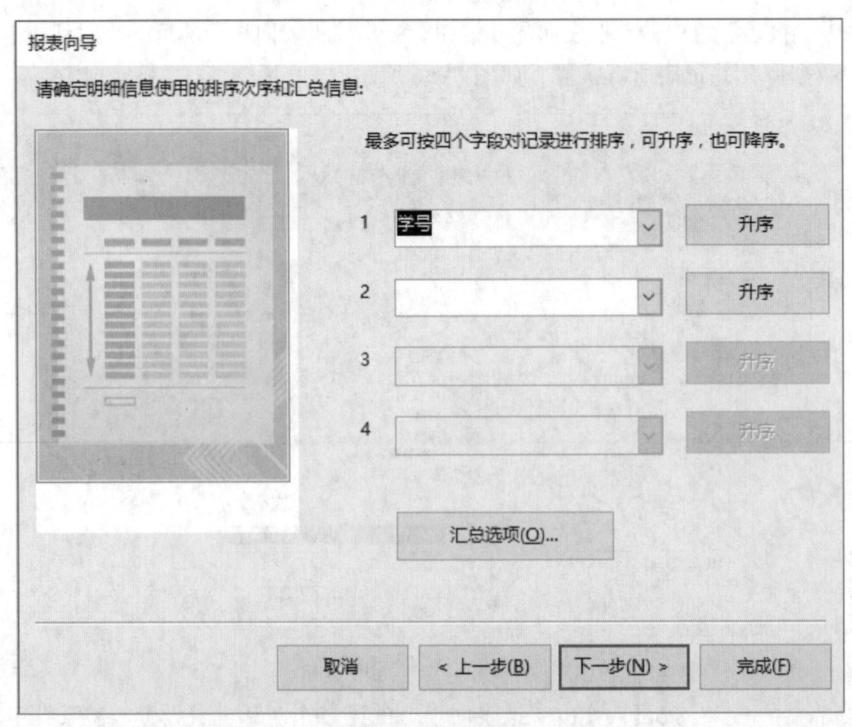

图 8-58　选择排序

（5）单击“下一步”按钮，弹出“报表向导”的第四个对话框，确定“布局”和“方向”，这里设置为“纵栏表”和“横向”，如图 8-59 所示。

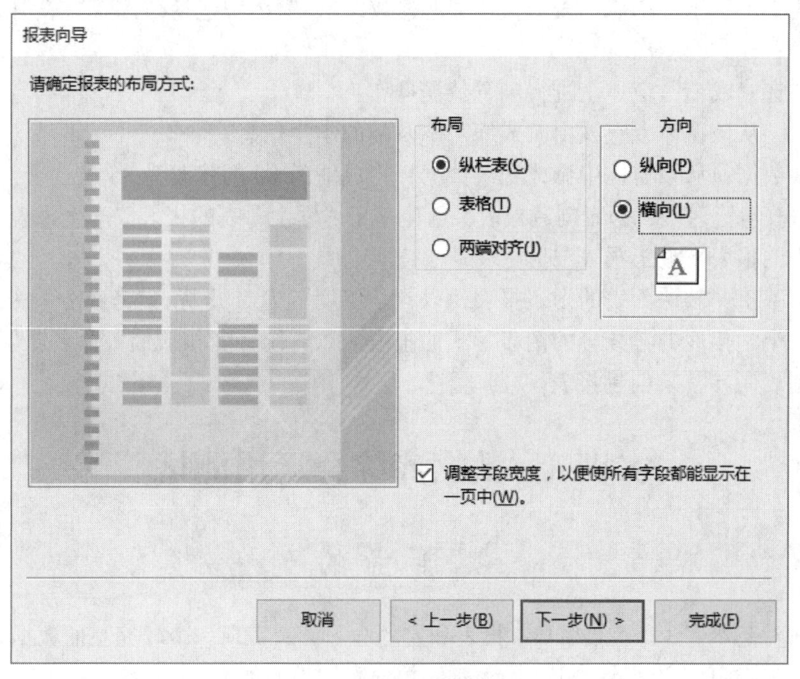

图 8-59 设置报表布局

（6）单击“下一步”按钮，弹出“报表向导”的第六个对话框，为报表指定标题，这里设置为“学生”，如图 8-60 所示，单击“完成”按钮即可完成报表的创建。

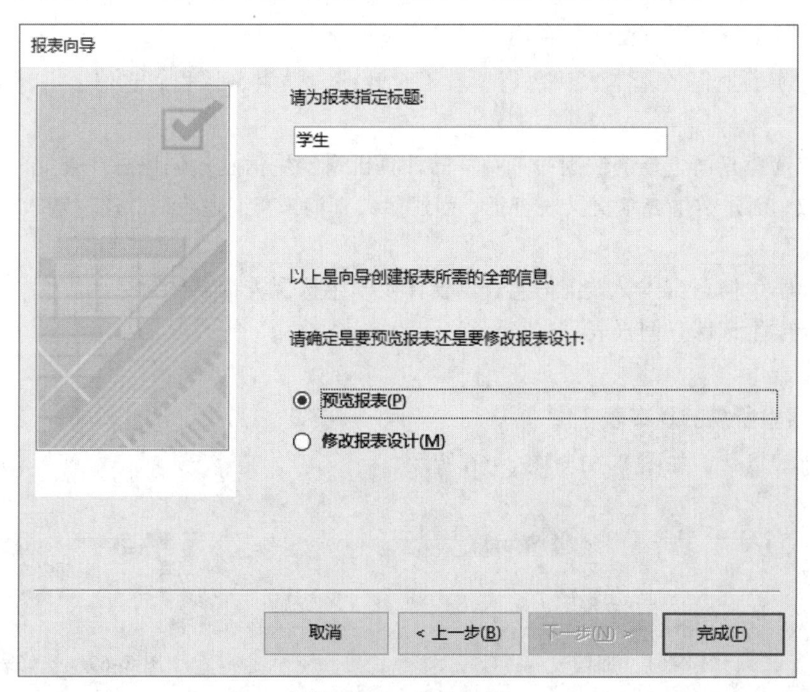

图 8-60 定义标题

操作练习

（1）创建一个基于“选修”表的窗体“选修成绩”，窗体中包括“选修”表中的所有字段；布局为纵栏表；样式为标准。

（2）在“选修成绩”窗体上进行如下数据操作：

查找记录：从该窗体上查找由“成绩”不及格的学生信息。

修改记录数据：从该窗体中修改记录数据，将成绩为80的修改为85。

（3）为“教学管理”数据库创建报表：创建基于“学生”表的报表“学生报表一”；创建基于“教工”表的报表“教工报表二”。

创建一个基于“教课”表的图表报表，以“学年度”为X坐标，“考核分”为Y坐标，创建一个描述各个学年度的考核分的图表形式的报表，以“统计考核成绩”命名新创建的图表报表。使用“图表向导”来创建报表。

实训4　数据库综合运用测试

实训目的

利用前面对基本表、查询、窗体、报表和宏的学习，来实现一个较完整的数据库系统设计，掌握 Access 核心知识，提高综合运用 Access 数据库知识的能力。

实训内容

【案例 8-20】创建表、窗体和查询。

（1）创建实验所需的基本表：部门、教工、教课、学生、课程、选修，并建立各表之间的关系。

（2）创建选择查询，查询性别为“女”的计算机系学生信息；创建总计查询，统计计算机系学生总人数；创建学生成绩交叉表查询；创建参数查询，查询运行时，通过输入部门和职称，查询相关教工信息。

（3）创建学生信息窗体，教工信息查询窗体及学生选课查询窗体。

（4）创建学生选课查询报表。

具体步骤：

1. 创建实验所需的基本表

（1）基本表设计，如图 8-61～图 8-66 所示。

部门

字段名称	数据类型
办公地点	短文本
电话	短文本

图 8-61　部门表

	字段名称	数据类型
🔑	学号	短文本
🔑	课程号	短文本
	分数	短文本

图 8-62　选修表

字段名称	数据类型
职工号	短文本
姓名	短文本
性别	短文本
出生日期	日期/时间
工作日期	日期/时间
学历	短文本
职务	短文本
职称	短文本
工资	短文本
配偶号	短文本
部门	短文本
相片	OLE 对象

图 8-63 教工表

字段名称	数据类型
学号	短文本
姓名	短文本
性别	短文本
出生日期	日期/时间
身高	短文本
系别	短文本
党员否	是/否
相片	OLE 对象

图 8-64 学生表

字段名称	数据类型
教工号	短文本
课号	短文本
班级	短文本
学年度	短文本
学期	短文本
考核分	数字

图 8-65 教课表

字段名称	数据类型
课号	短文本
课名	短文本
课时	数字
学分	数字
先修课号	短文本

图 8-66 课程表

（2）添加数据，如图 8-67～图 8-72 所示。

部门名	办公地点	电话
计算机系	行政五楼	86220056
数学系	行政三楼	86221099
英语系	教八二楼	86221103

图 8-67 部门表

学号	课号	成绩
11001	1	80
11001	2	55
11001	3	78
11001	4	92
11002	2	36
11002	3	98
11003	3	35

图 8-68 选修表

教工号	课号	班级	学年度	学期	考核分	单击以添加
1981001	1	10计本1班	2010-2011	上	97	
1981001	2	10数学1班	2010-2011	上	89	
1982003	2	11英语1班	2011-2012	下	67	

图 8-69 教课表

教工表

职工号	姓名	性别	出生日期	工作日期	学历	职务	职称	工资	配偶号	部门
1981001	王伟华	男	1958/8/9	1982/7/1	博士	系主任	教授	4200	1983002	计算机
1983002	陈平	女	1970/7/1	1983/7/1	硕士		讲师	2800	1981001	数学系

图 8-70 教工表

课号	课名	课时	学分	先修课号
1	数学	72	4	
2	计算机导论	36	2	
3	c语言	72	4	2
4	数据结构	72	4	3

图 8-71 课程表

学号	姓名	性别	出生日期	身高	院系	党员否	评语	相片
11001	李小鹃	女	1993-2-10	160	计算机系	☑	锐意进取，求实求精	位图图像
11002	王思	男	1992-10-8	185	计算机系	☐	勤奋好学，表现突出	
11003	欧阳文秀	男	1993-8-7	172	英语系	☑	团结同学，乐于助人	
11004	王思	女	1993-11-20	158	计算机系	☐	知识面广，勇于创新	
11005	陈新	男	1991-6-26	180	英语系	☐	思想活跃，多才多艺	
11006	李爱华	男	1994-1-8	170	数学系	☐	品行端正，成绩优秀	

图 8-72 学生表

（3）建立表之间的关系，如图 8-73 所示。

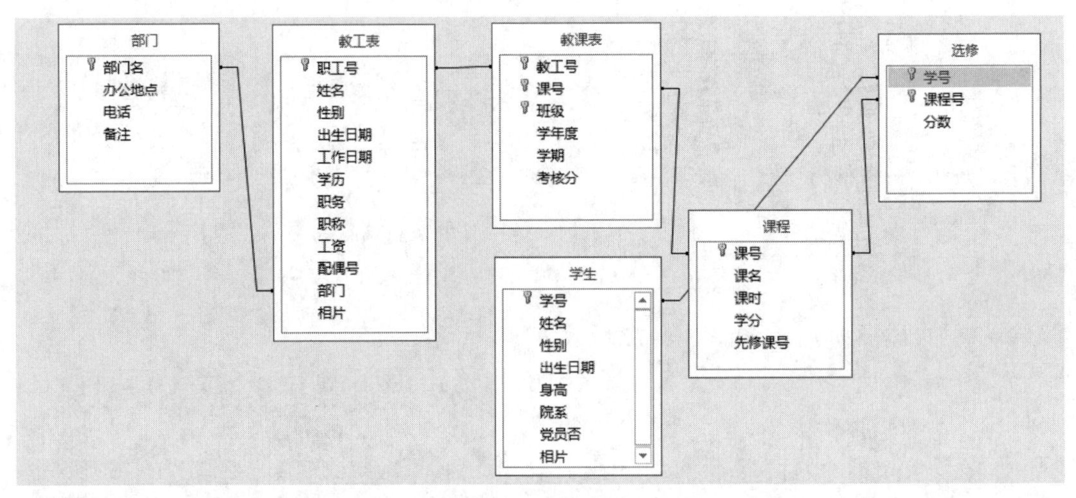

图 8-73 关系图

2. 创建查询

（1）查询性别为“女”的计算机系学生信息，其查询创建步骤如下：

① 选择“查询”对象，单击“创建”选项卡→“查询设计”按钮。

② 在弹出的“显示表”对话框中，双击“学生”表，单击“关闭”按钮。

③ 在“字段列表”中分别双击“*”、“性别”和“院系”。

④ 在设计网格“显示”行中，取消“性别”和“院系”的显示；

⑤ 在设计网格“条件”行中，“性别”字段对应输入“女”，“院系”字段对应输入“计算机系”。

⑥ 单击“运行”按钮，并关闭出现的对话框。

⑦ 保存此查询为“学生信息查询”。

（2）统计计算机系学生总人数，其查询创建步骤如下：

① 选择“查询”对象，单击“创建”选项卡→“查询设计”按钮。

② 在弹出的“显示表”对话框中，双击“学生”表，单击“关闭”按钮。

③ 在“字段列表”中分别双击“院系”和“学号”。

④ 单击“设计”选项卡→“汇总”按钮；

⑤ 在设计网格“总计”行中，“院系”字段选择“分组”，“学号”字段选择“计算”，并将“学号”字段名改成“人数：学号”。

⑥ 单击“运行”按钮，并关闭出现的对话框。

⑦ 保存此查询为“计算机系学生人数”。

（3）创建学生成绩交叉表查询，其查询创建步骤如下：

① 选择“查询”对象，单击“创建”选项卡→“查询设计”按钮。

② 在弹出的“显示表”对话框中，双击“学生”和“选修”表，单击“关闭”按钮。

③ 双击“学生”表中的“姓名”字段，双击“选修”表中的“课号”和“成绩”两个字段。

④ 单击“设计”选项卡→“交叉表”按钮。

⑤ 在设计网格“总计”行中，“姓名”和“课号”均设置为“分组”，而“成绩”设置为“第一条”。

⑥ 在设计网格“交叉表”行中，“姓名”设置为“行标题”，“课号”设置为“列标题”，“成绩”设置为“值”。

⑦ 单击“运行”按钮，并关闭出现的对话框。

⑧ 保存此查询为“学生成绩交叉表查询”。

（4）创建教工参数查询，其步骤如下：

① 选择“查询”对象，单击“创建”选项卡→“查询设计”按钮。

② 在弹出的“显示表”对话框中，双击“教工”表，单击“关闭”按钮。

③ 在“字段列表”中分别双击“*”、“部门”和“职称”。

④ 在设计网格“显示”行中，取消“部门”和“职称”的显示。

⑤ 在设计网格“条件”行中，在“部门”的条件下输入：[请输入部门名：]，在“职称”的条件下输入：[请输入对应职称：]。

⑥ 单击“运行”按钮，并关闭出现的对话框。

⑦ 保存此查询为“教工参数查询”。

（5）创建查询 1，其步骤如下：

① 选择“查询”对象，单击“创建”选项卡→“查询设计”按钮。

② 在弹出的“显示表”对话框中，双击“学生”、“选修”和“课程”表，单击“关闭”按钮。

③ 在“字段列表”中分别双击“学号”、“姓名”和“课名”，“成绩”。

④ 在设计网格“显示”行中，取消“学号”的显示，并在其条件栏中输入：[forms]![按学号查看学生成绩]![sno];

⑤ 保存此查询为“查询 1”。

3. 创建窗体

（1）创建“成批查看教工情况”窗体的过程包括以下步骤：

① 选择窗体对象，单击“创建”选项卡→“窗体向导”按钮。

② 在“表/查询”中选择“教工”，并双击选中所有字段。

③ 单击“下一步”按钮，出现下一个窗口。

④ 选择“表格”，单击“下一步”按钮，出现下一个窗口。

⑤ 选择“凸窗”，单击“下一步”按钮，出现下一个窗口。

⑥ 在“请为窗体指定标题”内填上“成批查看教工情况”，并选择“修改窗体设计”选项；

⑦ 单击“完成”按钮

⑧ 在该窗体页脚处添加三个命令按钮控件，分别为“插入记录”、“删除记录”和“关闭窗体”，并保存该窗体。

（2）创建“逐个查看学生情况”窗体的过程包括以下步骤：

① 选择窗体对象，然后单击“创建”选项卡→“窗体向导”按钮。

② 在“表/查询”中选择“学生”，并双击选中所有字段。

③ 单击“下一步”按钮，出现下一个窗口。

④ 选择“纵栏表”，单“下一步”按钮，出现下一个窗口。

⑤ 选择“凸窗”，单“下一步”按钮，出现下一个窗口。

⑥ 在“请为窗体指定标题”内填上“逐个查看学生情况”，并选择“修改窗体设计”选项；

⑦ 单击“完成”按钮

⑧ 在该窗体页脚处添加五个命令按钮控件，分别为“插入记录”、“删除记录”、“关闭窗体”、“上一条”和“下一条”，并保存该窗体。

（3）创建“按学号查看学生成绩”窗体的过程包括以下步骤：

① 选择窗体对象，然后单击“创建”选项卡→“窗体设计”按钮。

② 在窗体页眉中加入标签控件，在属性栏中的标题栏中输入“学生成绩查询”。

③ 在“主体”节中加入组合框控件，在组合框控件的标签控件的标题栏中输入“请输入要查询的学生学号:”，将组合框的行来源属性设置为：SELECT 学生.学号 FROM 学生，并将组合框的名称改为：sno;

④ 在“主体”节中再加入子窗体/子报表控件，将其源对象设置为“查询 1”。

⑤ 在“主体”节中再加入两个命令按钮，分别为“查询”和“关闭窗体”，在“查询”按钮的单击事件中加入如下代码：me.refresh;。

⑥ 设计好后，单击“窗体视图”按钮，查看其最终效果，并保存该窗体名称为“按学号查看学生成绩”。

（4）创建“界面窗体”的过程包括以下步骤：

① 选择窗体对象，然后单击“创建”选项卡→“窗体设计”按钮。

② 在窗体页眉中加入标签控件，在属性栏的标题栏中输入“教学管理系统”。

③ 在主体节中加入三个命令按钮，分别命名为“按学号查看学生成绩”、“成批查看教工情况”和“逐个查看教工情况”。将“按学号查看学生成绩”的单击事件选择“宏生成器”，进入到宏设计界面，将其操作设置为“openform”，将操作参数中的窗体名称设置为“按学号查看学生成绩”窗体，按照同样的步骤，将另外两个按钮中的窗体名称分别设置为“成批查看教工情况”和“逐个查看教工情况”。

④ 保存该窗体名称为：“界面窗体”。

最后完成的各窗体如图 8-74～图 8-77 所示。

教学管理系统

按学号查看学生成绩

成批查看教工情况

逐个查看学生情况

图 8-74　界面窗体

学生成绩查询

请输入要查询的学生学号　15001

姓名	学号	课名	成绩
李小鹏	15001	离散数学	80
李小鹏	15001	计算机导论	55
李小鹏	15001	C语言	78

记录: 第 1 项(共 7 项)　无筛选器

查询　关闭窗体

图 8-75　按学号查看学生成绩

成批查看教工情况　关闭窗体

职工号	姓名	性别	出生日期	工作日期	学历	职务	职称	工资	配偶号	部门
19810C	王伟华	男	1958/8/9	1981/1/1	本科	系主任	教授	########	198300	计算机系
19830C	陈平	女	1970/5/6	1983/7/1	专科		讲师	########	198100	数学系
19830C	丁钢	男	1959/2/8	1983/7/1	博士	系主任	副教授	########	198500	英语系
19850C	陈小兰	女	########	1985/9/1	本科	副主任	副教授	########	198300	
20070C	王伟华	男	########	2007/7/1	本科		讲师	########		英语系
20090C	吴小刚	女	1984/9/7	2009/7/1	博士	总支书	讲师	########		计算机系
20110C	李华	男	1988/1/3	2011/7/1	硕士		助教	########		计算机系

图 8-76　成批查看教工情况

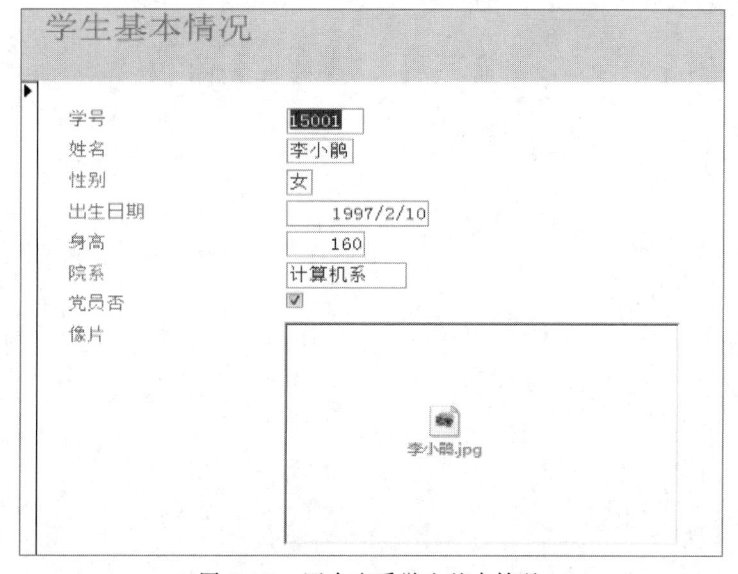

图 8-77　逐个查看学生基本情况

4. 创建学生选课查询报表

其创建过程如下：

（1）选择报表对象，然后单击“创建”选项卡→“报表设计”按钮。

（2）将整个报表的记录源通过查询设计器，取出学生学号、学生姓名、课程名、教师姓名及学生成绩。

（3）在报表页眉中加入标签控件，在属性栏的标题栏中输入“学生成绩报表”。

（4）在页面页眉中加入五个标签控件，将其标题属性分别设置为学号、姓名、课程名、教师姓名、成绩。

（5）添加组页眉、组页脚，在组页眉中加入两个文本框控件，将其控件来源属性分别设置为学号字段和姓名字段。

（6）在主体节中添加三个文本框控件，将其控件来源分别设置为课名、教工姓名、成绩。

（7）在组页脚中加入文本框控件，将其标签控件标题设置为“每个学生平均成绩:”，将文本框的控件来源设置为“=Avg([成绩])”。

（8）在页面页脚中加入文本框控件，将其控件来源设置为“="第" & [Page] & "页，共" & [Pages] & "页"”。

（9）在报表页脚中加入文本框控件，将其标签控件标题设置为“全班平均成绩:”，将文本框的控件来源设置为“=Avg([成绩])”。

（10）保存该报表为“学生选课查询”。

最后完成的报表如图 8-78 所示。

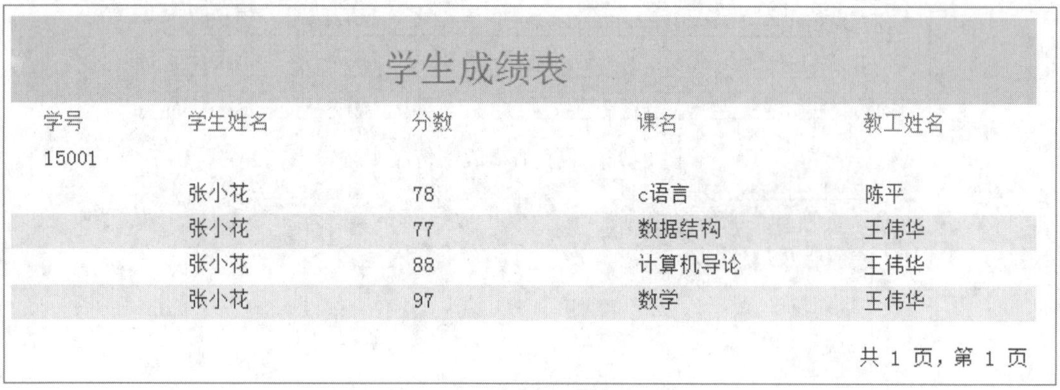

学生成绩表

学号	学生姓名	分数	课名	教工姓名
15001				
	张小花	78	c语言	陈平
	张小花	77	数据结构	王伟华
	张小花	88	计算机导论	王伟华
	张小花	97	数学	王伟华

共 1 页，第 1 页

图 8-78　报表